农产品电子商务
理论与案例解析

NONGCHANPIN DIANZI SHANGWU
LILUN YU ANLI JIEXI

刘 刚 著

中国农业出版社
农村读物出版社
北 京

图书在版编目（CIP）数据

农产品电子商务理论与案例解析 / 刘刚著 . —北京：中国农业出版社，2022.8
ISBN 978 - 7 - 109 - 28869 - 0

Ⅰ.①农… Ⅱ.①刘… Ⅲ.①农产品－电子商务－案例 Ⅳ.①F724.72

中国版本图书馆 CIP 数据核字（2021）第 212259 号

中国农业出版社出版
地址：北京市朝阳区麦子店街 18 号楼
邮编：100125
责任编辑：杨晓改 李善珂
版式设计：王 晨 责任校对：吴丽婷
印刷：中农印务有限公司
版次：2022 年 8 月第 1 版
印次：2022 年 8 月北京第 1 次印刷
发行：新华书店北京发行所
开本：880mm×1230mm 1/32
印张：6
字数：250 千字
定价：48.00 元

FOREWORD 前 言

　　互联网和移动互联网的快速普及改变了人们的工作和生活方式。基于互联网和移动互联网的电子商务快速发展，自 2013 年起，我国已经连续多年成为全球最大的网络零售市场。2020 年，我国网上零售额已经达到 11.76 万亿元，实物商品网上零售额占社会消费品零售总额的比重达到 25.2％。互联网拓展了商品交易的时间和空间，加快了商品交易速度，减少了交易的中间环节。随着互联网技术、线上支付技术、物流服务的不断成熟，线上交易逐渐深入人心、形成习惯，特别是移动互联网的快速发展及智能手机、平板电脑的快速普及，使得消费者成为了全天候的消费者，为电子商务的发展带来了更大机遇及市场空间。基于互联网的电子商务已经成为经济发展的重要动力。随着消费者线上消费习惯的形成、农村基础设施的不断完善、政策供给的不断加强，我国农产品电子商务也进入快速发展阶段。国家高度重视农产品电子商务发展，出台了一系列促进农产品电子商务发展的支持政策，为农产品电子商务的快速发展注入了强大动力。为适应消费需求的升级，农产品电子商务的新模式和新业态也是层出不穷，新零售、社交电子商务、绿色电子商务等新模式不仅给消费者带来了更好的消费体验，也为社会发展带来了更好的经济效益、社会效益和生态效益。近年来，农产品电子商务在促进农产品产销对接、解决农产品"卖难"、增加农民收入、助力脱贫攻坚、促进农业产业转型升级等方面发挥了重要作用。产业振兴是乡村振兴的基础，农产品电子商务在促进农产品销售的同时，对于赋能农业新业态发展、带动小农户融入现代农业产业链也具有重要意义，发展农产品电子商务是促进乡村振兴的重要动力。2021年的中央1号文件《中共中央 国务院关于全面推进乡村振兴加快农业农村现代化的意见》提出："深入推进电子商务进农村和农产品出村进城，推动城乡生产与消费有效对接。"未来，在乡村振兴、数字乡村建设等重大战略的推动下，农产品电子商务必将会有更大的发展空间，越来越成为促进农业农村现代化发展的新动能。

农产品电子商务已经成为对接农产品供需两端、助力农产品上行的重要渠道，是"互联网＋农业＋消费"产业链的重要载体。经过多年的发展，农产品电子商务已经在提升农产品流通效率、满足消费升级需求、促进农民增收、助力乡村振兴等方面发挥越来越重要的作用。本书将从电子商务平台、农户、政府、消费者等利益相关者的角度对农产品电子商务进行系统分析，以期丰富和拓展农产品电子商务相关理论，为农产品电子商务实践提供指导。

著　者

2021年6月

CONTENTS 目 录

前言

第一章

绪　　论

随着经济社会的发展，中国消费者的购买行为正在发生着深刻的变化。农产品电子商务作为一种新兴的农产品流通模式正处于快速发展之中。农产品电子商务的快速发展主要基于两方面原因：一方面，近年来快速发展的电子商务（即电商）模式奠定的消费者体验基础，在消费者习惯于其他商品的网上消费之后，网购农产品就比较容易上手；另一方面，相对于传统农产品流通模式的环节多、损耗大、信息不对称等弊端，农产品电子商务模式具有供应链扁平及信息透明的特点，可以降低农产品流通中的交易成本，缓解信息不对称。2019 年，我国县域农产品网络零售额达 2 693.1 亿元，同比增长 28.5%，其中 832 个贫困县农产品网络零售额为 190.8 亿元，同比增长 23.9%[①]。农产品电子商务在提升农产品流通效率、方便消费者购买、增加农民收入等方面均可发挥重要作用。

一、发展农产品电子商务的重要意义

（一）促进产销对接，是传统农产品流通体系的重要补充

当前，农产品批发市场仍然是我国农产品流通的主渠道和核心

[①]　网经社，2000. 农业农村部：《2020 全国县域数字农业农村电子商务发展报告》（全文）[EB/OL]. (2020 - 05 - 09) [2021 - 02 - 01] http://www.100ec.cn/detail—6554932.html.

环节，承担着我国 70％左右的农产品流通与集散功能。农产品批发市场在保证农产品供应方面发挥了极其重要的作用，是解决小生产与大流通之间矛盾的有效载体，促进了大量分散经营的小农户与大市场的对接。目前，我国拥有各类农产品市场 4.4 万家，这其中农产品批发市场 4 100 多家，年度交易额达亿元以上的农产品批发市场有 1 300 多家。2019 年，我国农产品批发市场交易额达 5.7 万亿元，交易量 9.7 亿吨，批发市场内各类经销商户有 240 多万个①。图 1-1 列示了 2011—2019 年我国农产品批发市场的总交易量的变化情况。

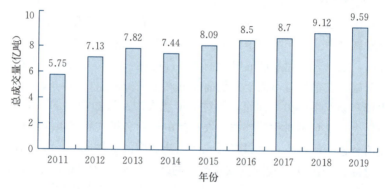

图 1-1　2011—2019 年我国农产品批发市场总成交量

以农产品批发市场为主渠道的农产品流通模式一般都要经历批发和零售两个环节，即农产品从生产者到消费者的基本链条和环节是"农户—批发商—农贸市场/连锁超市—消费者"，具体流通过程如图 1-2 所示。在这个过程中，以农产品批发市场为核心联结各种市场主体，通过农贸市场、连锁超市及其他类型零售商将农产品销售给消费者。

① 农批网，2020.《农批市场发展报告》近日出炉 聚焦后疫情时代转型升级 [EB/OL].（2020-07-28）［2021-01-18］. http://www.cawa.org.cn/index.php? s=/hangye/show/id/41456.

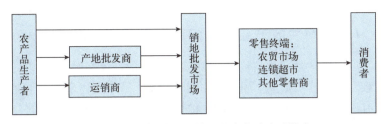

图 1-2 以批发市场为核心的农产品流通模式

在传统农产品流通体系中，农产品批发市场既是多品种、大批量农产品的集散中心，也是农产品物流枢纽、农产品供需信息中心和价格形成中心。但是，以批发市场为核心的传统农产品流通体系也存在一定不足：①在流通过程方面，主要表现为流通环节过多。过多的流通环节增加了农产品从生产者到消费者的物流周期，加大了农产品的损耗风险，特别是在我国农产品冷链物流体系尚未完善的情况下更是如此。同时，流通环节多势必会带来流通成本的增加，最终将导致农产品价格的上涨。②在流通主体方面，主要表现为因供需信息不对称导致的利益分配不合理。在以批发市场为核心的农产品流通体系中，通常农产品生产者与消费者距离较远，相隔环节较多，造成了农产品市场供求信息的不对称，或者是农产品生产者获取市场需求信息的能力较弱或成本较高，造成小农户与市场之间的信息脱节。信息不对称使得农产品生产者在与经纪人的价格谈判中处于劣势地位；同时使得中间商具有较强机会主义行为倾向，农产品投机行为不时出现。因此，批发市场主导的农产品供应链模式也成为导致农产品"买贵卖难"问题的重要原因。

农产品电子商务在克服传统农产品流通中的环节多、损耗大、产业链衔接不畅等问题方面可以起到积极作用。相比传统的农产品流通模式，农产品电子商务减少了中间环节，可以降低农产品流通费用及管理成本，同时可以畅通和加快信息的流动，促进农产品产销衔接。特别是在农产品社群电商、直播带货等新型农产品电子商务模式中可以实现点对点交易，消除了中间环节，极大降低了交易成本。

（二）解决农产品卖难问题，有效增加农民收入

近年来，"菜贱伤农"和"菜贵伤民"的现象屡屡出现，"买贵卖难"和"贱卖贵买"问题往往同时存在。造成上述现象的原因主要有以下几点：①农民生产的分散性和无组织性。一家一户的分散生产经营，使得农产品生产不统一、不规范，质量不稳定，很难与市场对接；同时缺乏组织性以及对市场动态的了解，致使其在通过中间商销售的过程中市场交涉能力差，难以保护自己的利益。②鲜活农产品流通中间环节多，流通成本过高。目前我国农产品的流通仍然主要是在三级市场体系下进行：即产地批发市场、销地批发市场、零售农贸市场。连接农产品消费市场与农户之间的环节过多，不仅小商小贩普遍存在，而且在农民与农产品市场之间的中间商也非常多；种植户的产品大多数通过各自为营的中间商进入批发市场和超市。这种流通体系中规模不一的流通主体的大量存在，很容易造成各流通环节增多，管理混乱，农产品质量不统一，流通效率低，流通成本过高等问题。③供应链衔接不畅，信息沟通受阻。探究"买难卖难"和"菜贱伤农"的原因，主要是因为流通环节信息不畅，农民无法得到及时、真实的市场信息，进而实施盲目种养，最终造成农产品滞销及增产不增收等问题。这种自发性的市场带来的必然结果就是大起大落，以破坏性调节实现平衡，从而导致农产品价格演绎"过山车"行情，部分农产品甚至因供过于求而出现滞销情况。

传统的农产品流通渠道中的信息流往往是断裂的，较多的中间环节使得信息流通不畅，农产品生产者往往对市场需求信息了解甚少，而消费者也不了解农产品生产的信息。信息不对称是造成农产品滞销和丰收不增收的根本原因，为此减少农产品的流通环节和信息不对称就成为了解决上述问题的关键。互联网的优势在于快速广泛的信息传递，依托互联网及移动互联网的电子商务扩大的农产品交易的范围、提高了市场交易效率。

在以批发市场为核心的农产品流通体系中，农民由于信息劣势和规模劣势，其在渠道中的议价能力较弱，在整个供应链利益分配中处于劣势地位。由此造成农民在农产品生产中获得的收益较低，甚至出现丰产不增收的情况。农产品电子商务缩短了农产品供应链，减少了中间环节，增强了农户的渠道权力。对于农民来说，农产品电子商务不仅拓宽了农产品销售渠道，同时有利于农产品的宣传推广、形成品牌形象力和市场认知度，进而通过"优质优价"增加农民收入。

（三）实施电商扶贫，助力脱贫攻坚

由于电子商务的信息优势和时空优势，其可以在解决农产品销售，特别是经济欠发达地区的农产品销售中发挥重要作用，成为精准扶贫的重要推力。2015 年 11 月，中共中央、国务院印发《中共中央 国务院关于打赢脱贫攻坚战的决定》，明确指出："实施电商扶贫工程。加快贫困地区物流配送体系建设，支持邮政、供销合作等系统在贫困乡村建立服务网点。支持电商企业拓展农村业务，加强贫困地区农产品网上销售平台建设。"2016 年国务院印发《"十三五"脱贫攻坚规划》，专门提出："培育电子商务市场主体。将农村电子商务作为精准扶贫的重要载体，把电子商务纳入扶贫开发工作体系，以建档立卡贫困村为工作重点，提升贫困户运用电子商务创业增收的能力。依托农村现有组织资源，积极培育农村电子商务市场主体。发挥大型电商企业孵化带动作用，支持有意愿的贫困户和带动贫困户的农民专业合作社开办网上商店，鼓励引导电商和电商平台企业开辟特色农产品网上销售平台，与合作社、种养大户建立直采直供关系。加快物流配送体系建设，鼓励邮政、供销合作等系统在贫困乡村建立和改造服务网点，引导电商平台企业拓展农村业务，加强农产品网上销售平台建设。"2018 年 6 月《中共中央 国务院关于打赢脱贫攻坚战三年行动的指导意见》再次指出："实施电商扶贫，优先在贫困县建设农村电子商务服务站点。继续实施电子商务进农村综合示范项目。动员大型电商企业和电商强县对口帮扶贫困县，推进电商扶贫网络频道建设。"此外，2016 年 11 月，国务院扶贫开发领导小组办公室印发了《关于促进电商精准扶贫的指导意见》；2018 年 11 月商务部办公厅印发了《关于进一步突出扶贫导向全力抓好电商扶贫政策贯彻落实的通知》；2018 年 8 月中国电商扶贫联盟正式成立。相关政策的陆续出台，使得实施电商扶贫的顶层设计逐步完善，为电商扶贫取得实效奠定了基础。

根据中国电商扶贫联盟的数据显示，2019 年该联盟成员单位对接帮扶及销售贫困地区的农产品超过 28 亿元，覆盖了全国 22 个省份的 478 个贫困县，带动农户 8 万户，这其中包括建档立卡的贫困户 5.6 万多户[①]。农产品电子商务能在精准扶贫中持续发挥作用主要源于技术特性和商业模式。分散小农经营的特点使得农产品生产中存在数量和品种少、质量不稳定、标准化程度不高、供需信息不对称等问题，使得单个小农户很难直接与零售终端对接，特别是在物流基础设施不发达的贫困地区更是如此。电商模式可以通过信息技术将分散、不确定的需求进行汇集形成规模，推动产销直接对接，从而解决欠发达地区农产品销售问题，增加农民收入，促进精准扶贫。随着贫困地区交通、电信等基础设施的不断完善，农民的市场意识不断增强，在政府、电商企业、农业经营主体、媒体等合力推动下，电商扶贫将在脱贫攻坚中发挥更加重要的作用。

（四）赋能农业数字化，促进农业产业链转型升级

1. 农产品电子商务赋能农业新业态

当前，消费者的消费模式已经发生了重大改变，数字化消费、个性化消费、品质化消费已经成为消费发展的主要趋势。由于农产品供需两端信息不对称，农户生产规模小且市场意识薄弱，农产品流通中间环节较多，使得传统的农业产业链对市场需求变化的反应速度较慢。农产品电子商务不仅能够对接供需两端，成为农产品上行的重要渠道，同时，农产品电子商务也成为促进农产品品牌发展

---

① 岳南，2020 充分发挥电商扶贫持续性作用［N］. 经济日报，10 - 27 (11).

的重要动力。农产品电商平台实现了对分散市场需求的汇集，通过互联网平台，农户可以及时准确地获取市场信息，也为扩大农产品的市场影响力，塑造农产品品牌提供了便利。

2. 农产品电子商务赋能农业生产升级

在小规模分散经营的情形下，农产品的规范化、标准化生产面临较大难度，也不利于农产品质量安全控制。农产品电子商务通过对市场需求的汇集可以促进农业生产的规模化，并以此为基础推进生产的规范化、标准化和智能化，同时也可以为发展农产品冷链物流提供基础，进而带动农业生产提质增效。

3. 农产品电子商务赋能农业产业链整合

互联网突破了时间和空间限制，加速和拓展了信息传播。基于互联网的农产品电子商务链接了农业产业链上下游资源，将农产品生产者、经销商、消费者紧密连接，使农产品生产、流通、消费及服务在电商平台上建立了紧密联系，缩短了农业产业链，促进了农产品产供销一体化和整合。以电子商务为核心的农产品销售网络，不仅为分散的农户带来了集中的客户资源，在参与电商经营的过程中，农户本身的市场意识和生产经营能力也会获得一定程度的提高。农产品电子商务重塑了"互联网＋农业＋消费"的产业链，促进了农产品流通模式和业态的创新。

二、农产品电子商务的特点

农产品电子商务的本质在于通过电商的渠道向消费者提供产品，以满足消费者的需求。为此，产品是农产品电子商务的核心。农产品具有不同于其他商品的属性：①农产品的经济属性。首先，农产品具有较高的需求价格弹性。农产品属于生活必需品，具有较高的需求价格弹性，即价格变动对农产品消费需求的影响较小。其次，农产品生产具有更高的不确定性。由于农产品生产周期一般较长，且我国农业生产具有规模小及分散的特点，使得小农生产者往往无法获得准确的市场需求信息，造成了丰收不增收、"菜贵伤民"

等现象。②农产品的自然属性。首先，农产品具有易腐性。农产品的品质受外部环境影响很大，尤其是温度的变化很容易使农产品变质腐烂。对于不同类型的农产品，适宜的温度十分重要，过高或过低均会造成农产品变质。即使温度适宜，由于本身的生物属性，很多农产品也会因长期的运输或存储造成品质改变。这就要求在农产品流通过程中应尽量缩减流通环节，同时尽可能使用全程冷链物流以保持农产品品质。其次，农产品的保鲜期短。农产品特别是生鲜农产品具有较高的含水量，随着时间的推移，很多农产品会因为水分的逐渐流失而造成其新鲜程度逐渐降低。伴随着农产品新鲜程度的降低，其市场价值也会逐渐降低。③农产品的质量属性。Nelson（1970），Darby 和 Karni（1973）将商品划分为搜寻品、经验品和信任品三类。其中，搜寻品是指消费者在购买商品之前通过自己检查就可以知道其质量的商品；经验品是指消费者在购买和使用商品之后才了解其质量的商品；信任品是指消费者在使用后也难以确定其质量的产品。Caswell 和 Padberg（1992）认为从食品安全要素角度看，食品既是经验品又是信任品。王秀清和孙云峰（2002）提出食品同时具有搜寻品、经验品和信任品的特性。对于食品的搜寻品特征（颜色、形状、气味等），消费者可以以较低的搜寻成本来获得，质量信息可以通过市场机制准确传递给消费者；对于食品的经验品特征，消费者获取质量信息成本较高，市场机制的有效性取决于消费者在消费前能否以较低的成本获取由食品厂商或第三方机构传递的质量信号；对于食品的信任品特征，质量信息需由政府或可以信任的中介组织来提供，方能保证市场上食品质量信息的有效性。对于农产品来说，消费者即使在购买食用之后也无法了解诸如农药化肥残留、营养成分、物流过程是否造成损耗或污染等质量信息；如要获得相关信息，需要专业的设备和技术人员，消费者可能付出较高的成本，从成本-收益角度看显然不合理。由于农产品的信任品属性，高质量农产品生产者无法通过质量溢价弥补生产高质量农产品带来的额外成本，使得高质量农产品很容易被低价的低质量农产品逐出市场，使农产品市场中"逆向选择"行为盛行，呈现出"柠檬市场"的特性。

　　农产品电子商务是农产品与电子商务的结合，既是农产品流通模式的创新，也是电子商务的新拓展。农产品电子商务具有以下特点。

（一）重塑了农产品交易场所

　　在传统的农产品流通体系中，专业化的批发市场发挥着核心作用，通过"农户—经纪人—批发市场—零售端"的流通渠道实现小农户与市场之间的连接。此时，农产品的购买场景主要包括农贸市场、超市、生鲜超市等，消费者通过实体店铺的实物交易获得所需要的农产品。互联网重塑了市场和交易场所，可以覆盖更多的服务场景以激发消费。智能手机和平板电脑的普及使用，使得消费者以前所未有的规模保持"在线状态"，其购买热情经常在"在线逛"的过程中被激发出来。

（二）提高了农产品交易效率

　　首先，农产品电子商务可以减少消费者的信息搜寻成本。线上购买改变了消费者的信息搜寻行为。在传统农产品流通渠道中，渠道终端一般为农贸市场、连锁超市、社区菜店等，消费者需要耗费时间和精力去搜寻实体店铺，以获取农产品价格信息。在农产品电子商务渠道中，消费者可以更便捷地获取价格和卖家信息，从农产品比价和种类搜索方面降低了信息搜寻成本。但这里要说明的是由于农产品的"信任品"属性，网购农产品在质量方面可能面临更大程度的信息不对称。但是，消费者可根据自身及其他消费者的消费数据进行购买决策，从而进一步减少信息搜寻时间。

　　其次，农产品电子商务拓展了交易时间。农产品电子商务具有全时交易性，供需双方可以实现农产品的全天候交易，农产品零售企业通过线上线下融合发展可以满足消费者在任何时间、任何地点、任何方式购买农产品的需求。

（三）减少了农产品供需信息不对称

目前，我国农产品的生产大部分由众多小规模分散的农户来完成，由生产者到消费者的供给信息及由消费者到生产者的需求信息都存在着信息不对称的问题。"一家一户"的分散生产，信息不对称导致农产品产销脱节、价格波动，也给农产品质量的可追踪性带来了难度。对于农产品供应链而言，由于供应链各个阶段对其下游需求期望的差异将会导致"牛鞭效应"的产生，使供应链之间的需求信息传递被扭曲，这更容易导致处于市场竞争中弱势地位的个体农民无法获得准确的需求信息，进而影响遭受利益上的损失。依托信息技术的农产品电子商务在对接农产品供需方面具有天然优势，可以在很大程度上减少信息不对称，规避传统渠道中以小而散的农户作为信息接收主体引发的市场同步放大或收缩问题。

（四）改变了农产品供应链利益分配格局

农民是大多数农产品的生产者，也是农产品流通的主要参与者。农民增收的状况，很大程度上取决于农民与农业产业链其他利益主体间的力量对比，进而影响农业产业链不同环节之间的利益分配状况。我国农户经营规模小而且分散，属于典型的东亚模式。对于大多数小农户来讲，当他们单独进入市场进行交易时，大多处于市场权力中的弱势地位，而且获取信息的成本高昂。以蔬菜为例，"菜贱伤农，蔬菜丰产却不丰收"的现象不断出现，"种菜的永远赶不上倒菜的"，其主要原因就在于分散的农民缺乏参与市场竞争所必需的信息资源和组织资源。在农产品流通中，定价权往往被掌握在中间商手中，农民经常处于利益分配的弱势地位。农产品电子商务缩短了农产品流通环节，汇集了分散的市场需求，使农民能够更多地了解市场需求信息。特别是近年来，农产品社群电子商务、农产品直播销售等新兴模式的兴起，使得农户通过网络平台与消费者直接对接，增强了其在农产品价格博弈中的谈判力量，使农产品流通过程中的利益分配向着有利于农民增收的方向调整。与此同时，消费者也在产销直接对接中获得了收益，包括接收产品的便利性、优惠的价格、品质的保障、购买的乐趣等。

（五）物流在农产品电子商务中发挥核心作用

一个完整的电子商务活动包括信息传递、线上交易、线上结算、物流配送四个方面，涉及商流、物流、资金流、信息流等。在电子商务服务系统中，物流扮演着基础和核心作用，是资金流与信息流的载体，物流服务过程的质量直接影响着电子商务系统的运行效率和消费者的线上购物体验。由于农产品特别是生鲜农产品具有保质期短、易受损、易腐烂等特征，消费者对农产品的保鲜性要求很高，为此对运输存储的要求较一般产品更为严苛。当前，我国农产品的主要流通方式依旧是以批发市场及城镇农贸市场为主导的传统模式，农产品的流通需要经过农户、经纪人、批发市场、农贸市场等多重环节，流通环节繁多，供应链冗长，大大降低了农产品的流通效率，并增加了流通环节的损耗率。农产品电子商务虽然缩短了流通环节，但是仍需要物流过程，且物流的作用相比传统渠道更为重要。因为农产品电子商务的消费者对农产品的保鲜性、物流配送的时效性、按需送达性要求更高。物流服务是整个电商活动与客户接触的重要界面甚至是唯一界面，物流过程将对整个农产品电子商务的消费体验产生重要影响。为了达到保鲜要求，农产品电子商务的物流过程可能需要付出更高的成本。一方面，不同类型的农产品对存储温度有着不同的要求，仓储中的温度控制成本非常高；另一方面，全程冷链运输会使运输成本大幅提升，同时生鲜农产品的非标准化特点会增加包装成本，此外，由于退货无法进行二次销售，还会带来高额的逆向物流成本。对于农产品电子商务企业来说，物流成本在整个运营成本中占据很大比重，实际运营中物流成本可能占据客单价的 $25\%\sim40\%$，而电子类、服装类产品的占比则在 5% 以下。为此，物流服务过程对于农产品电子商务企业的经营有着至关重要的影响，物流成本控制能力和物流服务质量直接影响其市场竞争力。

三、理论基础及研究现状

（一）理论基础

汪应洛院士曾经将电子商务的理论基础分为 10 个方面，分别为：交易成本理论、扩散理论、网络外部性理论、媒体富度理论、技术接收模型、资源依赖理论、社会交换理论、建构主义理论、任务技术匹配模型、社会认知理论，并指出掌握这些基本理论是开展电子商务相关问题研究的前提[①]。为此，本书依据前文中的研究内容设计，基于以下基础理论对农产品电子商务问题进行分析。

1. 交易成本理论

美国经济学家 Commons 最早提出了"交易"的概念，并将交易分为买卖的交易、管理的交易和限额的交易。1937 年，在《企业的性质》一文中首次提出了交易成本理论。交易成本理论提出了有别于新古典经济学研究模式的新范式，是新制度经济学中最具意义的范畴理论和分析工具。不同学者对交易成本的界定无本质区别，但侧重范围各有不同。科斯在 1937 年首次使用交易成本概念时指出基于价格信号的市场交易并不是零成本的，交易过程中的协商成本、缔结契约成本是无法避免的，并以此来解释企业成立的原因。1960 年，科斯进一步指出：市场中的交易成本应该包括搜寻交易对象的成本、告知对方交易意愿以及交易条款的成本、交易中协商以及讨价还价的成本、契约实施中的监督成本等。Williamson（1985），Rindfleisch 和 Heide（1997）认为市场交易是通过契约实现的，为此可将交易成本分为事前交易成本及事后交易成本。其中事前交易成本包括起草及订立契约成本、信息搜寻成本、协商成本等；事后交易成本包括保障契约实施的监督成本，由于契约订立或执行不当可能引起的重新协商、重新起草、重新实施的调整成本。

---

① 汪应洛，2007. 电子商务学科的理论基础和研究方向［J］. 中国科学基金（4）：193-201.

事后交易成本具体包括：①交易偏离准则而引发的不适应成本；②为纠正偏差而作出努力的成本；③建立和运营管理机构的成本；④确保契约生效的抵押成本[①]。Arrow（1969）指出交易成本的本质是经济系统运行的成本。交易成本可以分为两类：一类是随资源分配方式改变而变化的真实成本；另一类是与经济组织模式相关的成本，来源于沟通和信息交流的成本、订立契约的成本以及冲突解决的成本。Arrow 定义的交易成本更具一般性，包括信息成本和排他性成本，以及设计公共政策并执行的成本。

　　从本质上看，交易成本的存在源于人的本性及其行为的不确定性。Williamsos 提出了影响交易成本的两类因素：一类是交易主体的行为，包括有限理性和机会主义；另一类是交易的性质，包括不确定性、资产专用性和交易频率。交易主体行为的有限理性以及机会主义行为是交易成本经济学的两个基本假设。有限理性是 Simor 于 1959 年提出的概念，认为人们获取和处置信息的能力是有限的。尽管人们试图做到完全理性，但理性总是有限的。如果人与人之间彼此坦诚、相互信任的话，有限理性并不会导致高交易成本。但实际情况是行为人有时会故意欺骗他人，使得原本可以信赖和推断的追逐个体利益最大化的行为变得无法预测，称之为机会主义行为，Williamson 则将其称之为"阴谋诡计的逐利行为"。由于有限理性和机会主义的存在，交易主体必须投入更多的成本去获取信息，判断信息的真实性和评估风险。交易性质对交易成本的影响包括以下几方面：①不确定性。不确定性主要源于两方面：一方面是交易主体的信息缺乏或者信息不对称（Williamson，1975），这既可能是交易对象客观上无法获得或观测到真实信息造成的，也可能是交易对象的机会主义行为造成的，即交易对象故意掩饰真实信息；另一方面是复杂性，交易的复杂性越高，不确定性就越高。当交易具有较高的不确定性时，交易双方就需要投入较高的成本去获取信息、订立契约及监督契约执行。②资产专用性。资产专用性是指投资于

---

① 卢现祥，2013. 新制度经济学 [M]. 武汉：武汉大学出版社：43.

支持某项特定交易的资产，是最重要的交易属性（Williamson，1991）。Williamson（1996）将资产专用性分为地理位置的专用性、人力资源的专用性、实物资产的专用性、专项资产及品牌资产的专用性。当交易对象的资产专用性程度较高时，交易双方的相互依赖程度就高，为此需要投入更多的资源进行专用性投资和维系长期的契约关系。③交易频率。交易频率是指重复交易的次数。资产专用性可能导致交易重复发生，如果该交易需要初期的专用性投资，那么将会增加交易频率，从而降低每次交易的平均成本。

要降低交易成本可以从两方面着手：①在微观层面应完善治理结构。只有当交易活动与治理结构相匹配时，才能有效降低交易成本。Williamson（1991）指出当资产专用性程度较高时，如果交易双方还想继续保持独立，为维系长期交易关系和进行专用性投资就需要投入大量成本。如此，还不如建立科层制结构，虽然会增加官僚成本，但这些成本会由于双边适应性增强带来的收益而弥补。Williamson（1991）提出了三种治理结构，分别为市场制、混合制、科层制。资产专用性越低，越应选择市场制，反之应选择科层制。②在宏观层面应降低治理成本，包括建立完善的信用制度，规制交易行为；政府或市场提供交通、通讯等基础设施支持，使信息流、物流通畅；制定符合市场竞争规律的法律法规（陈应侠等，2008）。

2. 网络外部性理论

外部性指的是一个经济主体的行为对其他主体带来的影响作用。这种影响作用是非市场性的，市场机制难以对造成负外部性的经济主体进行惩罚，同时正外部性也不会获得相应的收益。网络外部性（Network Externalities）的概念由 Katz 和 Shapiro 于 1985 年正式提出，他们认为无论是虚拟网络还是物理网络，都存在着网络外部性。所谓网络外部性即指，一个使用者从某一产品消费中得到的效用会随着消费同种类型产品的消费者数量的增加而增加的现象。学者将网络外部性分为直接网络外部性和间接网络外部性两类（Katz et al.，1985）。直接网络外部性即购买相同产品的人数变化对产品价值产生的直接影响；间接网络外部性即随着一种产品的消费数量增加，其互补品的供给种类和数量也不断增加且价格不断下降，促进消费者更加愿意购买原产品，进而间接地提升了原产品的价值（朱彤，2001）。如果网络产权可以明确界定，那么通过产权安排可以实现内化其外部效应（Liebow itz et al.，1990）。此外，参与者之间的直接相互作用也可以实现网络外部性内化（闻中等，2000）。对于网络外部性的研究可以从宏观和微观两个层面着手（Economides，1996）。其中，宏观方法意在消费者的效用函数中构造一个反映网络外部性特征的变量，以反映消费者因为网络外部性而带来的购买意愿的提高及效用水平的改进，并根据这个结果来研究网络外部性的影响；微观方法则主要是通过计量方法进行实证研究来分析网络外部性的影响[①]。

3. 资源依赖理论

面对日益严峻的资源约束，企业获取市场竞争优势的关键是如何将异质性资源整合的内生性及外生性相结合以构建能力资源集合体来创造价值（罗珉等，2015）。资源依赖理论认为组织间关系的本质是资源依赖关系，组织需要适应环境，同时要积极面对环境。Pfeffer 和 Salancik（1978）认为资源是企业生存的根本，有些资源企业可以自己生产，但有些资源企业必须通过外部环境来获取。同时，很多资源难以在市场上通过定价进行交易，如知识，组织需要与掌握关键资源的其他组织进行互动，如此形成组织对资源的依赖。资源依赖理论的核心思想包括两方面：一是组织间的合作是建立在组织所拥有的资源具有异质性的基础之上；二是组织要通过不断改变自身的行为去获取外部资源，如合并或联合。资源依赖理论认为组织对其他组织的依赖程度主要受两方面因素影响：一是资源控制力的集中程度；二是资源对组织的重要性程度。如果组织难以掌控同等的资源来应对供应链核心企业对其进行的控制，则会产生

---

① 吴昊，2006. 网络外部性市场后入者竞争策略研究——以世界移动通信产业为例［D］. 上海：复旦大学：10.

"不对称性依赖"，核心企业的净实力以及控制力就会增强。在此基础上，权力被引入到资源依赖理论之中，并将权力置于资源依赖的核心地位。Ulrich 和 Barney（1984）将权力定义为组织对其内外部关键资源的控制力。任何组织都想要弱化其他组织对他的权力，同时又试图强化其对其他组织的控制力。企业越依赖于外部组织，就越容易受到这些组织的影响，外部组织对企业的发展就越重要。Emerson（1962）认为组织的权力一般只存在于其他组织对他的依赖中，即当该组织控制了其他企业发展所必需的资源，且这些资源不具备可替代性。在此基础上，资源依赖理论提出了组织间相互依赖的两个维度：相互依赖和权力不平衡（Vijayasarathy，2010）。相互依赖指组织间的相互依赖程度；权力不平衡则指组织间依赖程度的不对称性。Pfeffer 和 Salancik（1978）提出企业可以采取整合、兼并、合资、多元化等方式减少对其他企业的依赖。跨组织关系的建立有利于降低外部环境的复杂性，有助于资源的获取。在这里，整合和兼并可以增强组织在交易过程中的权力以及对关键性交易的控制，多元化则可以降低对其他组织的依赖性（费显政，2005）。

（二）研究现状

电子商务在涉农领域的概念应用主要集中在农村电子商务、农产品电子商务、农业电子商务三大领域。因此在进行相关领域研究时，有必要对相关或相近领域进行界定，因此本书将农村电子商务和农产品电子商务进行了概念上的明确区分。农村电子商务是一种独特的商务模式，较之传统的交易模式有很大不同，主要是依据农产品在城乡之间的双向流通中通过电子商务模式而开展的一项交易管理活动。农村电子商务的发展以网络平台和信息技术为支撑，对农村产业商品的各个环节进行全方位的管控，以求最大程度的降低成本，提高农村经济发展运行效率。农产品电子商务则是以农产品生产为核心通过现代信息技术，在农产品生产、加工、仓储、流通等传统环节的基础上将流程电子化，同时引入网络销售、线上支付等新兴要素，从而产生的一系列交易活动。总的来说，农村电子商务与农产品电子商务之间既有联系又有区别，农村电子商务是一个比农产品电子商务更大的概念范畴，农村电子商务可能涉及非农产业，且包含工业品下乡和农村产品进城的双向流动，其包含的范围更加广泛，具有交易对象的广泛性和交易主体的多样性。农产品电子商务仅涉及农产品通过电商平台上行（进城）的问题，从交易的产品品类、交易的主体以及各方面都更为具体和清晰。

农产品电子商务的研究视角较为多元化，主要包括以下几个方面：一是从主体行为角度进行分析，如研究电商企业、农户、政府、消费者的行为；二是从农产品电子商务的发展战略角度进行分析，如农产品电子商务的商业模式；三是从农产品电子商务供应链角度进行分析，如研究供应链的协调、农产品电子商务中的物流问题；四是从区域农产品电子商务产业发展视角进行分析，如农产品电子商务产业集群、农产品电子商务生态系统、区域农产品电子商务发展对策、电商扶贫等问题。结合本课题的研究设计，将从以下几方面对相关文献进行评述。

1. 主体行为视角相关研究

（1）农户及经营主体采纳农产品电子商务的行为。相关研究表明，影响农户采纳农产品电子商务的因素包括人力资源、物流条件、资金充裕度、基础设施、安全与隐私、第三方电商服务、运营成本、产品和营销、电商培训、个人能力和认识、政策扶持等（吕丹等，2020；侯振兴，2018）。郭锦墉等（2019）基于拓展的技术接受模型，提出感知有用性、感知易用性、主观规范、网络外部性会对农户采纳电子商务产生正向影响，感知风险则会对农产品电子商务的采纳产生负面影响。曾亿武等（2019）认为农户的前期工作经历会对农产品电子商务采纳产生抑制作用，而前期的创业经历、培训经历以及社会资本会对农户采纳电子商务产生正向影响。对于合作社来说，影响合作社采纳农产品电子商务的因素包括合作社负责人文化程度及年龄、合作社的规模、社会关系资源、合作社的生产基地情况、经营类型、注册资金、农产品销售渠道、合作社与社员之间的契约关系等（刘滨等，2017；孟月，2019）。从企业角度看，市场竞争压力、物流能力、相对优势、技术基础、监管环境会对企业的农产品电子商务采纳产生影响（林家宝等，2017）。

（2）消费者的线上购物行为。Klein（1998）和 Citrin 等（2003）提出由于消费者无法在购买或使用前体验商品，互联网更适合搜寻型商品而非体验型产品，生鲜农产品具有非常明显的体验型商品特征，这是农产品网络销售发展相对缓慢的重要原因。Cheung 等（2005）构建了电子商务消费者行为模型，该模型包含消费者特征、环境特征、产品或服务特征、商家和中介特征以及电子商务系统（支付和物流、网站特点、客户服务等因素）。Pavlou 和 Mendel（2006）认为感知有用性、感知易用性、产品价值、货币资源、网站信息保护、网页导航、购买技巧等会对消费者网上购买意愿产生影响。谭晓林和周建华（2013）提出影响消费者网上购物的因素包括消费者对创新的态度、购买风险、产品相关信息、以往的购物经验、商家的服务质量。毕达天和邱长波（2014）提出在B2C 电商环境下，即使没有面对面的互动，电商企业可以通过良好的在线互动给顾客带来较好的消费体验。邵腾伟和吕秀梅（2018）认为影响生鲜电子商务消费者体验的因素包括农耕生产体验、农产品质量可追溯、物流配送过程、线上交易操作、产品呈现以及售后服务，为此农产品电子商务应基于这些影响顾客体验的要素设计多样化的体验场景。文燕平和施菲菲（2017）分析了生鲜移动电商的顾客体验问题，提出了四个影响顾客体验的因素，分别为移动电商平台的可用性、对移动电商平台的信任程度、电商平台的便利性、配送服务保障。何德华等（2014）认为消费者对电子商务的包装和物流服务的预期会影响其网购生鲜农产品的意愿。林家宝等（2015）提出消费者对生鲜电子商务的信任受产品质量、感知价值、物流服务质量、网站设计质量、沟通和信任倾向等因素的影响。

2. 农产品电子商务供应链相关研究

（1）农产品电子商务供应链的模式创新。汪旭晖和张其林

（2014）分析了线上线下融合的农产品流通模式，构建了农产品O2O（线上对线下）体系框架并提出了其运行机制。但斌等（2017）分析了"互联网＋"生鲜农产品供应链的产品服务融合商业模式，提出了"互联网＋"生鲜农产品供应链的产品服务融合商业模式的创新表现形式，分别为以农产品为基础提供增值服务、以改善服务体验带动农产品消费。王磊等（2017）基于互联网环境提出了生鲜超市的销售模式创新，包括基于便利性的O2O模式、基于个性化需求的精加工和个性化定制模式、基于体验需求的C2B（消费者对企业）模式。但斌等（2018）分析了生鲜农产品供应链的C2B模式，识别了C2B模式创新的关键要素，包括产品及服务、营销策略、供应链管理、关键流程、核心能力优化。田刚等（2018）将生鲜农产品电子商务模式分为效率型和新颖型两类，其中效率型农产品电子商务模式创新关注信息共享和交易成本的降低；新颖型农产品电子商务模式关注创新交易方式以实现顾客价值增加。

（2）对农产品电子商务物流的研究。 相关研究在冷链物流体系建设、配送路径优化、供应链协调、云物流发展等方面探讨了生鲜农产品电子商务中的物流问题（陈镜羽等，2015；向敏等，2015；甘小冰等，2013；王娟娟，2014）。黄祖辉和刘东英（2006）认为生鲜农产品物流受物流主体组织化程度和物流活动的综合程度两方面因素影响，其中物流主体组织化程度的改变是制度变迁的结果，而物流活动综合程度的变化主要受消费需求变化的影响。赵志田等（2014）构建了包括电子商务应用、信息化管理、物流信息技术、农产品物流功能四个维度的农产品电子商务物流理论模型。提出通过分布式业务流程再造可以提升生鲜农产品电子商务的运行效率及盈利能力。杨伟强（2016）认为物流是农产品电子商务发展的关键，应通过整合物流资源，结合第三方物流构建高效的农产品物流配送模式，促进农产品电子商务与物流协同发展。刘刚（2017）分析了生鲜农产品电子商务的物流服务创新问题，认为生鲜电子商务可以在物流理念、物流技术、物流组织、物流服务界面等方面进行组合创新，提升生鲜电子商务的物流效率和服务质量。杨路明和施礼（2019）分析了农产品供应链中物流与电子商务的协同问题，提出应充分释放农产品电子商务的物流需求，加大对农产品第三方物流产业的扶持力度；加强战略协作，提升农产品物流与农产品电子商务的合作伙伴忠诚度；加强信息集成整合，提升农产品物流与电子商务之间的信息共享程度。

3. 农产品电子商务生态系统研究

郭娜和刘东英（2009）分析了 B2B（企业对企业）、B2C（企业对消费者）以及 C2C（消费者对消费者）等农产品电子商务交易方式。但斌等（2016）提出了基于社群经济的生鲜农产品电子商务的 C2B 模式。Moore（1993）结合自然生态和共同演化理论首次提出商业生态系统的概念。继而不同学者在商业生态系统中的成员共生关系、系统结构的网络特性以及共同演化的动态结构特征（Peltoniemi et al.，2004）等方面进行了深入分析。胡岗岚、卢向华、黄丽华（2009）提出电子商务是一个生态系统，电商生态系统中的各"物种"成员形成完整的价值网络，物质、能力和信息在网络内流动和循环，并按照定位将"物种"成员分为领导种群、关键种群、支持种群和寄生种群。王胜和丁忠兵（2015）从环境扫描、结构分析、功能分析、演化分析四个方面构建了农产品电子商务生态系统研究的理论框架，认为农产品电子商务生态系统是一个开放互动、多元共生、协同共进、动态演化的系统。黄丽娟和窦子欣（2018）认为农产品电子商务生态系统发展受经济因素、政府因素、文化教育因素、行业因素影响。

4. 从产业组织视角对农村电子商务的研究

王沛栋（2017）认为农村电子商务产业集群发展同时受内外部因素影响。其中，内源动力包括产业价值链（产业集群的衍生效应、创新效应、集群品牌效应）、外部性（规模经济、范围经济、劳动力市场共享、信息和技术传播的外部性）、领军企业家、社会资本、技术创新；外源动力包括政府支持和制度环境、市场需求和外部竞争。雷兵和刘蒙蒙（2017）认为农村电子商务产业集群形成的主要原因是农村社会创业决策的"羊群效应"。曾亿武和郭红东（2016）分析了"淘宝村"的形成机理，认为产业基础、淘宝平台、基础设施与物流、新农人、市场需求五个要件促进"淘宝村"的形成。

5. 对农产品电子商务发展支持政策的研究

政策支持是农产品电子商务获得成功发展的重要促进因素。谌楠（2016）提出政府的扶持性政策能够显著提升企业的电子商务参与性，尤其是短期内效果最明显。钮钦（2016）应用文本计量方法，从政策工具和商业生态系统视角分析了农村电子商务发展的支持政策体系。其中，供给型政策工具主要是提供有利于农村电子商务发展的生产要素；环境型政策指从目标规划、基础设施、金融支持、税收优惠、法规管制和政策性措施等方面改善农村电子商务的发展环境；需求型政策包括政府采购、服务外包等措施扶持农村电子商务发展。段禄峰和唐文文（2016）基于外部性理论分析了支持涉农电子商务发展的具体政策，包括基础设施建设、税收政策、融资政策、人才引进和培养等方面。邱新平（2017）从市场监管、人才培训、金融财税物流等方面提出了支持生鲜农产品电子商务发展的政策体系框架。张驰和宋瑛（2017）提出当前我国农产品电子商务发展面临的主要问题包括农产品同质化程度高、运输成本高、标准化程度低、信任程度低、安全性低、营商环境差等。刘建鑫等（2016）提出了生鲜农产品电子商务的发展对策，包括推动冷链物流发展、加强品牌化和标准化建设、加强基础设施建设、培养电子商务人才。农产品电子商务是精准扶贫的重要方式，通过打造品牌、降低流通成本、营造良好环境、建立服务站点等措施可推动贫困地区的农产品电子商务发展（陈旭泗等，2018；何珩铭等，2018）。

第二章

农产品电子商务发展的国际经验

在互联网技术不断创新的驱动下，电子商务的快速发展已经成为全球化的大趋势。2020年，全球电子商务市场收入达到2.43万亿美元，同比增长25%，全球电子商务用户规模超过34亿，同比增长9.5%[①]。一些发达国家互联网技术发展较早，在信息网络建设、物流体系保障及监管制度设计等方面较早地做了有益的尝试，取得了较为丰富的实践经验。尽管近年来我国电子商务飞速发展，已经处于全球领先水平，但是"他山之石，可以攻玉"，认真研究其他国家农产品电子商务发展的经验，仍然会对我国的农产品电子商务发展具有启发和借鉴意义。为此，本书将对美国、德国、日本三国的农产品电子商务发展模式进行分析，总结可借鉴的规律和经验，以期对我国农产品电子商务的进一步发展提供启示。

一、美国

在众多发达国家中，美国的电子商务发展一直处于领先地位，位居全球第二（中国第一）。2020年，美国线上销售总额达到8 611.2亿美元，同比增长了44%，电子商务渗透率为21.3%。美国是世界上最早开展农产品电子商务的国家之一，早在2000年，

---

① 搜狐，2020. 创20年来最高纪录！2020年全球电商规模达2.43万亿美元，美国市场超8600亿美元！[EB/OL]. [2021-02-02].

美国农场的网上交易额就已经达到 6.65 亿美元[①]。很多美国企业在农产品电子商务方面进行了有益的尝试。早在 2007 年，美国最大的在线零售商亚马逊就在美国西雅图开展生鲜农产品配送业务，依托其先进的信息技术和物流系统为居民提供生鲜农产品"同日达"或"次日达"服务。美国的生鲜电商 Farmigo 开创了以"食品社区"为单位的生鲜农产品团购配送模式，Farmigo 平台直接连接农户和消费者，"食品社区"中的消费者在网站中选择订购生鲜农产品，农户会每周汇总"食品社区"的订单并定点配送一次，这种团购配送模式大大降低了物流成本。生鲜电商 Relay Foods 在客户线上下单后，将学校、公园或教堂等人员聚集的地方设为生鲜农产品的线下取货点，为顾客带来最大程度的便利。经过多年的发展，美国已经形成了相对成熟的农产品电子商务发展模式和支撑体系，具有以下特点。

（一）农产品电子商务发展的基础设施比较完善

（1）**农业信息化水平较高。**美国农业的信息化水平较高，构建了相对完善的农业信息化支撑体系，这个体系包括农业信息系统、农业生产数据库、农业经济数据库、农业遥感技术、地理信息系统、全球卫星定位系统、无线射频身份识别系统等。通过农业信息系统平台，农业生产经营者可以及时、完整地获得市场信息，并以此为基础动态调整农产品的生产和销售策略，减少农业经营的市场风险和自然风险。利用农业遥感技术，农业生产经营者可以实现农业生产过程的精细化管理。利用无线射频技术可以实现农产品从生产、物流、加工到销售的全链条追溯。同时，不断加强互联网基础设施建设，美国国会在 2018 年《综合拨款法》中提出重建美国基础设施的目标，美国农业部增加至少 6 亿美元的预算用于加强农村地区宽带基础设施建设。

（2）**具有先进的物流服务系统。**构建了全程冷链物流系统，减少

---

① 搜狐，2017."互联网＋农业"国外农业电商借鉴［EB/OL］.［2017－05－25］.

农产品在物流过程中的损耗。农产品收货后立即进行预冷，采用先进的农产品保鲜技术延长农产品的保鲜期，直至销售到消费者手中的物流过程一直是冷链状态。同时，发达的运输和仓储网络促进了农产品的跨区域大流通，使得农产品可以很快从产地运送至消费者手中①。

（二）农业的社会化服务体系比较健全

（1）农产品供应链中的经营主体比较成熟。很多大型农产品加工企业、物流企业、销售企业已经成为农产品供应链的核心，大型农产品加工或销售企业可以完成农产品生产、加工、物流、销售的全过程，同时，企业与农产品生产者以契约形式建立了相互信任、长期稳定的合作关系，不同类型的经营主体按照契约约定分别进行农产品的生产、加工或销售。

（2）农业生产的社会化服务体系比较发达。各种专业化的农业服务公司可以提供农产品产前、产中、产后的全流程专业化服务，具体包括农产品产前的生产资料供应服务；农产品产中的耕地、播种、施肥、收割等服务；农产品产后的运输、存储、营销、销售等服务。专业化、规模化的农业生产社会服务将农业生产的产前、产中、产后环节紧密衔接，极大提高了农产品供应链效率。

（3）有先进的农产品流通信息发布制度。美国农业部收集并发布农产品销售的实时市场信息，这其中绝大部分信息属于经营者自愿提供，但畜产品的信息属于强制性报告。美国农业部农产品销售局向全国20多个观察点派驻数十名专业人员，专门负责收集所在区域市场的农产品信息，主要包括价格以及农民、运输商、批发商使用运输工具的情况。农产品销售局将收集到的信息编制成年报、月报、日报等资料，并提供给不同类型用户参考和使用。美国农业部农产品销售局还实时动态监测国际国内市场中美国农产品的流通信息，并提供给农产品生产经营者进行参考，同时动态分析自然灾

---

① 新华网，2017. 美国农产品流通基本情况［EB/OL］.［2017－03－07］. http://us. xinhuanet. com/2017－03/07/c_129503143. htm.

害对农产品流通的影响。

二、日本

日本国土面积虽小，但其农业具有典型的东亚农业特征，即人多地少，人均耕地面积较小，在一定程度上同样存在着"小生产与大市场"的矛盾。经过多年的发展，日本构建了以农产品批发市场为核心的农产品供应链体系。农产品批发市场的主要功能包括农产品集散、服务、价格形成、结算和信息传递等。随着互联网经济的发展，日本的电子商务也进入快速发展阶段，已经成为世界主要的电子商务市场。日本的农产品电子商务发展具有以下特点。

（一）构建了农产品电子商务发展的法律保障体系

为保障农产品电子商务发展，日本构建了较为完备的法律法规保障体系，在农产品电子商务的准入制度、合同订立、交易方式、消费者权益等方面均作出了明确的规定。从 2000 年开始，日本先后出台了《信息技术基本法》《电子签名与认证服务法》《电商与信息交易准则》《电商消费者合同法》《关于消费者在电商中发生纠纷的解决框架》《完善跨国电商交易环境》等一系列法律法规用于引导和规范电子商务发展。其中，《信息技术基本法》提出，日本要建立具有世界最高水平和所有国民都可以容易使用的高级信息通信网络，确保信息通信网络安全并加强对网络中个人信息的保护。《电子签名与认证服务法》提出确保通过电子签名的合法使用促进采用电子手段的信息传播及处理。《电商与信息交易准则》要求网络交易平台中的经营者必须将网络交易记录保存至少一年，以供相关部门查询；并建立了严格的电子商务交易准入制度，制定了严格的准入标准和身份认证制度①。同时，日本也会根据外部环境的不

---

① 新华网日本频道，2014. 东鉴日本—中国电商监管海外镜鉴［EB/OL］.［2014-11-10］.

断变化适时修订相关法律法规，以保证法律的时效性。

（二）农产品物流体系比较完善

（1）建立了完善的农产品冷链物流体系。日本建立了包括预冷、整理、存储、冷冻、运输在内的完备的冷链物流体系，并设计了一体化的冷链供应链协调管理方式，农产品产后的商品化处理水平非常高。日本农产品冷链物流比例十分高，大部分农产品都是使用冷藏车和保温集装箱进行运输。

（2）建立了严格精细的农产品分级和包装标准。日本十分重视农产品特别是生鲜农产品产后的分级和包装。设计了科学的农产品分类标准，根据农产品类型和品质的不同进行分级，销售到市场中的农产品都进行了规范的包装，如此不但有利于农产品保鲜，更有利于提升农产品的品牌价值，同时也为顾客购买带来了便利。

（3）农产品的加工比例较高，通过加工环节提升了农产品的附加值。当前，日本农产品产后的加工比例已经达到 60％以上，加工转化后农产品价值至少可以增加 2～3 倍①。

（三）农协组织在促进农产品电子商务发展中发挥重要作用

日本农业协同工会（JA，以下简称农协），是日本农民在政府指导下建立的合作组织。1947 年，日本颁布并实施了《农业协同组织法》，促进了农协组织的快速发展。农协设置了三层系统的组织体系，从高到低依次为中央农协、县级农协、基层农协，各级农协组织关系密切，可以统一行动。农协的职能包括农产品销售、农业生产资料采购、金融及农业技术服务、经营指导等；同时，农协也会为农户提供生活性服务。农协在连接小农户与大市场、小农户与政府方面发挥着重要作用。在生产方面，农协通过对生产资料的集中采购可以降低成本；农协还会对农民的生产过程进行指导，包

---

① 搜狐，2016. 日本农业深度报道之一：农产品流通［EB/OL］.［2016 - 09 - 27］. https://www.sohu.com/a/115176866_475921.

括种植结构优化和新产品开发、生产计划合理安排、生产技术提高等。在销售方面，农协通过农产品集中销售可以减少中间商压价的可能性，也可以避免小农户之间的价格竞争，保护农民的利益。在社会服务方面，农协通过自建的金融体系可以为小农户提供信贷服务，同时农协还建立了农业风险基金制度，增强农业抵御自然风险的能力。在农产品电子商务经营过程中，农协为农户提供生产和技术上的培训及帮助，并作为中间人联系平台进行销售。因此，农协的参与有力地促进了农产品电子商务的发展。

（四）线上线下融合的农产品电子商务模式

日本的很多实体店都采取全渠道销售模式，线上线下融合发展是日本电子商务发展重要的特点之一，即电子商务平台和实体店同步销售。广泛密集分布的便利店是日本电子商务配送的支柱。日本是全球便利店分布最为密集的国家之一，日本"特许经营连锁协会"公布的数据显示，截至 2019 年底，日本共有 55 620 家便利店[①]。尽管日本的电子商务快速发展，但其对线下渠道并未造成很大的冲击，两者形成了协同互补的发展格局。密集分布的便利店除承担一般零售功能外，还具有网购商品的配送和自提点功能，这种方式有效解决了电商物流中因高频次的小件配送造成的高物流成本的问题，提升了物流效率。

（五）注重农产品质量安全监管

日本实施了一系列措施加强对农产品质量安全的监管，保障农产品质量安全。1955 年日本出台了《农药取缔法》，1957 年出台了《肥料管理法》，意在减少化肥农药的使用量。为了鼓励农业生产主体采用绿色生产方式，日本从 2000 年开始实施"环保型农业生产者"认证制度，在国内大力培育"环保型农业生产者"，并对"环

---

① 贤集网，2020. 日本有多少便利店？日本便利店数量首次减少 [EB/OL].
[2020 - 02 - 14].

保型农业生产者"在税收和贷款方面给予支持。日本农林水产省在不同地区设立了农业技术中心进行绿色农业的科学实验，并将研究成果向当地的农业生产者和农业组织推广；同时，农业技术中心还会定期或不定期地举办农业培训，为当地的农业协会培养绿色农业的人才。当前，日本在育苗、品种、收获、施肥等技术方面已经做到了很好的生态化改良，不仅有效地保障了农产品质量安全，还促进了农业生态环境改善。

三、德国

德国是欧盟主要经济体之一，其不仅有发达的工业，农业现代化水平也较高。近年来，德国的电子商务发展也进入快车道，2020年，德国的电子商务价值已经达到 833 亿元，同比增长 14.6％，德国大约 1/8 的家庭支出是通过网络消费的①。德国的农产品电子商务发展具有以下特点。

（一）互联网和信息服务体系健全

计算机和互联网的普及是农产品电子商务发展的基础。德国一直十分重视信息基础设施建设，特别是农村地区的互联网络建设。截至 2019 年，德国全国的互联网普及率达到 93％，智能手机普及率达到 79％，约一半的消费者会通过智能手机进行线上购物②。在农业信息化方面，德国也处于领先水平，现代信息技术被广泛应用于农业生产和农产品流通之中。德国政府通过其农业管理部门的信息服务中心无偿向农场主、农民、农产品批发商、加工企业等经营主体提供最新政策法规、农产品市场供求趋势、灾害防范管理等信

---

① 搜狐，2021. 云途晨报：2020 年德国电子商务价值 833 亿欧元 [EB/OL].[2021－01－29].

② 搜狐，2020. 外贸干货 | 德国的电商市场概况及本地支付习惯 [EB/OL].[2020－12－01].

息服务。同时，行业协会、高等学校、企业也会积极参与到农业信息化建设中来，形成了多元化的农业信息服务格局。

（二）加强对电子商务发展的法律规制

德国十分重视加强对电子商务发展的法律保障，以促进电子商务的规范、可持续发展，构建了相对完备的法律法规体系。1997年，德国颁布了世界上首部规制互联网行为的单行法《联邦信息与电信服务整体条件建构规制法》。此后相继出台了《电子签名法》《电信媒体法》等多部法律，并在《民法典》修订中也增加了对电子商务合同订立及电子签名效力等问题的规定，同时，其他法律中也适时增加了规制电子商务发展的内容，形成了系统性的法律规制体系。在准入管理方面，德国实行电子服务准入登记自由，对网上经营及交易没有过多限制。在监管中，德国比较重视发挥社会力量的作用，鼓励第三方机构从事网站真实性验证、网上纠纷调解及法律咨询等服务，促进社会共治以提升监管效率①。

（三）注重农产品生产标准化和质量管理

标准化生产是农产品电子商务发展的重要条件之一。德国依靠先进的信息技术实现了农业智能化与精准化发展。一方面，通过应用遥感技术、地理信息系统等进行土地和自然环境的数据采集；另一方面，通过智能化控制系统精准完成播种、施肥、除草、采收、畜禽饲料投喂等生产管理。智能化生产控制不仅提高了农业生产效率，同时实现了农业生产过程和工艺的高度标准化，使得德国生产出的农产品标准化水平很高。同时，德国还高度重视农产品质量安全。作为欧盟重要成员国之一，德国在农产品相关的法律法规和标准上都参照欧盟的标准执行，要求农业生产要建立在健康、绿色、环保、可持续的基础之上。在农产品质量安全监管方面，德国制定了规范的质量标准体系、追溯及召回体系、严厉的违规惩罚机制，

---

① 郭继，2019. 德国电子商务监管概要［N］. 中国市场监管报，09-10 (05).

确保消费者能够通过网络购买到安全健康的农产品。此外，德国构建了世界领先的农业培训和农业技术推广体系，通过持续地培训不断提升农民的素质，以保障其现代化的农业生产流通体系高效运行。

四、国际经验的启示

通过对美国、日本、德国等三个发达国家农产品电子商务发展经验的分析，可以看出，各国在农产品电子商务发展的侧重点具有异曲同工之处。

（一）重视农业信息化建设

信息化是提升农业生产效率、优化农业资源配置的关键。从三国的经验看，他们都建立了先进的农业信息系统，实现了从农业产地环境监测、农业投入品管理、农业生产过程控制到农产品加工及流通的全链条智能化管理。农业的智能化和精准化发展使得他们生产的农产品具有很高的标准化水平及质量安全水平，而这两点是影响农产品能否登陆大型电子商务平台及消费者对线上购买信任程度的重要因素。

（二）重视基础设施建设

从以上国家的经验看，他们的互联网和物流基础设施都比较完善，具有先进的冷链物流服务系统，保证了农产品在流通过程中的损耗率较低，为农产品电子商务的发展打下了良好的基础。

（三）注重法律法规保障

纵观发达国家的电子商务发展，可以发现其基本上都是在一整套动态完善的法律框架下进行的，这些国家都较早地构建了规范电子商务发展的法律法规体系，在农产品电子商务的准入、交易方式及契约、农产品电子商务的监管、网购农产品过程的消费者权益保护等方面做出了明确的规定。

（四）注重农民素质的提高

农业生产者是农产品电子商务供应链的重要主体，其素质的高低直接决定了农产品的质量及参与电子商务的能力。从发达国家经验看，他们都非常重视农业生产者素质的提高，构建了科学的农民培训体系。为此，应加强农业教育，提升农民素质，真正发挥农业生产者在农产品电子商务发展中的主体作用。

第三章

我国农产品电子商务发展状况

近年来，我国农产品电子商务发展迅速，成为重要的农产品销售渠道，线上销售农产品数量连年增加。2019年，我国农产品网络零售额达到3975亿元，同比增长27%。本章将对我国农产品电子商务发展现状进行分析。

一、我国农产品流通发展阶段

我国是农产品生产大国，同时也是农产品消费大国。农产品流通体制的改革，对于化解小生产与大市场之间的矛盾具有重要作用，对于推进农村市场经济转型和农村经济发展具有重要意义。中华人民共和国成立以后，我国鲜活农产品流通模式的发展大致可以分为以下几个阶段。

（一）统购统销阶段

改革开放以前，农产品流通渠道主要有国有粮食部门、国营商业部门、供销合作社和集市贸易，其中国有粮食部门、国营商业部门、供销合作社同时具有收购、批发、零售的功能，形成一个完整的农产品配给体系。国营商业部门和供销合作社是20世纪50年代统一派购流通体制下形成的鲜活农产品销售场所。国营商业部门和供销合作社按照产品设立相应的专业公司从事鲜活农产品购销业务，导致了城乡市场分割、地区市场分割。国营商业部门和供销合作社是从事鲜活农产品经营的主体，但在计划经济条件下它们不能影响农产品流通。

（二）批发市场主导阶段

改革开放以来，伴随着农村市场经济转型和农村经济的发展，我国农村市场迅速成长。从 1985 年开始，农产品流通体制改革全面启动，国家逐步放开统销统购的生产和流通市场。农产品生产量和品种数量迅速增加，产销区域范围也不断扩大。由于国营和合作社经济逐渐退出了农产品流通领域，而小规模的集贸市场又无法组织和承担大规模农产品的异地交易，造成农产品产地与销地之间衔接不畅，农产品跨区域流通困难。为了解决各类区域性、小规模集贸市场面临的全国性农产品大流通的问题和困难，各地纷纷建立农产品批发市场，很多典型的农产品专业批发市场依托农村集贸市场而发展起来，逐渐成为农产品流通的主渠道，例如 20 世纪 80 年代山东寿光建立的农产品产地批发市场。在这个时期，农产品批发市场成为农产品流通的主导，以农产品的产地和销地批发市场为中心，联结各种市场主体。以批发市场为中心的鲜活农产品流通模式一般是经过三级市场体系，即产地批发市场、销地批发市场、零售农贸市场。零售农贸市场作为鲜活农产品流通的渠道终端得到快速全面的发展，逐渐占据主导地位。1988 年政府开始实施"菜篮子工程"，这一举措使农贸市场的发展更趋成熟。这时鲜活农产品的流通基本上都经历批发和零售两个环节，即鲜活农产品从生产者到消费者的基本链条和环节是"农户—批发商—农贸市场—消费者"。农贸市场不具有鲜活农产品的所有权，因而不是农产品流通的主体，仅为大量的零售商贩和消费者提供鲜活农产品交易的平台。

（三）大市场大流通阶段

以超市为代表的鲜活农产品流通渠道终端的发展推动了我国鲜活农产品流通模式的变革。连锁经营和超市被称为"现代流通革命"的两大标志。我国的超市最早出现于 20 世纪 90 年代初，以普通超市和大卖场为主。到了 90 年代中期，超市设立了生鲜区，开始涉足生鲜经营。进入 21 世纪以后，我国超市在生鲜农产品零售中的市场份额增加较快。2002 年我国开始试行"农改超"，直接催化了生鲜超市这一新型渠道终端的兴起。生鲜超市主要经营鲜活农产品，兼营家庭日用百货。我国第一家生鲜超市——福建永辉生鲜超市成功地开创了"永辉模式"，目前已成为福州市民购买生鲜食品的最主要场所。随着鲜活农产品流通渠道终端的发展，我国现已形成传统的农贸市场、普通超市、大卖场和生鲜超市并存竞争的大市场局面。在鲜活农产品流通中，批发市场仍然占据着重要地位，其支撑鲜活农产品流通的多重交易功能依然存在。近年来，我国农产品批发市场在规模化、专业化、信息化等方面发展迅速，且形成全国性中心批发市场、区域中心批发市场、本地批发市场协同发展的多层次发展格局。一些规模较大的农产品批发市场正在积极拓展面向零售终端的配送业务，"农产品批发市场＋超市""配送中心＋超市"等流通模式得到了快速发展。与此同时，以"农超对接"为重点的产销衔接改革成为我国鲜活农产品流通模式改革的重点。一些大型超市自己开设集配中心采购货物或直接建立生产基地，然后发送到连锁店进行零售，减少了流通环节，降低了流通成本。超市在与批发市场的流通渠道竞争中也不断谋求合作，许多超市把批发市场作为其现货货源的稳定补充，超市资本、管理及技术也开始介入农产品批发市场，推进了以多渠道流通为特点的鲜活农产品大流通的发展。与此同时，随着互联网的发展及消费需求的改变，农产品流通渠道出现了扁平化趋势，农产品电子商务、农社对接、农餐对接等新型农产品流通模式快速发展，既增加了消费者选择的空间，又对稳定物价和增加农民收益具有积极作用。

农产品电子商务作为新兴的农产品供应模式，对于克服传统农产品流通中环节多、损耗大、产业链衔接不畅等问题起到了积极作用。一方面，农产品电子商务可以实现直接面向消费者的"去中介化"效应。在传统的农产品供应链中，农产品从生产到消费的过程往往要经历经纪人、农产品批发市场、零售终端等多个环节，这样一个长链条不仅增加了成本、扭曲了信息，也带来了农产品损耗过大的问题。基于互联网的农产品电子商务可以通过农产品生产经营者的自我传播直接接触到近乎无限的消费者群体，可以减少甚至去掉农产品供应链中的中间环节，从而实现农产品流通的"点对点"直通直达。"去中介化"过程可以提高农产品供应链的运行效率，克服由于供应链环节过多造成的市场需求信息扭曲、供应链主体间利益冲突、农产品损耗大等问题。同时可以改变农产品供应链的收益分配格局，传统的经纪人、批发市场、零售商等中间环节主体对农产品供应链的收益权受到削弱，农户和消费者的供应链收益权得到加强，有利于提升顾客价值和增加农民收入。另一方面，农产品电子商务可以实现对农产品供应链效率的改进。由于农产品的生产周期较长，使得市场需求信息在农产品供应链中极易发生扭曲，从而造成农产品的供需错位，一方面农产品生产者面临农产品滞销问题，另一方面消费者则会面临结构性短缺及价格的剧烈波动。农产品电子商务企业可以通过使用先进的信息技术强化供应链成员间的信息共享，提升供应链的协同效率及对市场需求的响应程度；同时，电子商务企业可以有效收集消费者的购买行为数据，通过大数据分析，对消费者购买趋势可做出更为准确的预测。正是基于这些原因，近年来我国农产品电子商务快速发展，已经成为农产品销售的重要渠道之一，且随着消费需求的升级和技术创新的驱动，农产品电子商务还将有巨大的发展潜力。

二、我国农产品电子商务发展现状

(一) 农产品电子商务交易规模不断扩大

从 2013 年起，我国就一直是世界上最大的网络零售市场。截至 2020 年 12 月，我国网络购物用户规模达 7.82 亿，占网民总数的 79.1%，这其中通过手机网络购物的用户规模达到 7.81 亿，占手机网民总数的 79.2%①。随着消费者线上消费习惯逐渐养成、农村数字化基础设施不断完善、政策支持力度不断加大，农产品电子商务始终处于快速发展之中。截至 2019 年底，我国农产品网络零售交易总额达到 3 975 亿元，较 2016 年增长 150%，图 3-1 列出了 2016—2019 年我国农产品网络零售额变化情况②。2019 年，全国县域农产品网络零售额达到 2 693.1 亿元，在全国 4 310 个淘宝村中，以农产品销售为主的淘宝村有 262 个，覆盖全国 21 个省份③。

图 3-1　2016—2019 年我国农产品网络零售额
（资料来源：商务部）

（二）农产品电子商务发展的基础设施条件不断改善

基础设施的不断完善是保障我国农产品电子商务长期快速发展的基础。近年来，我国在农村公路、农村电信网络、农村物流等方面的基础设施建设取得了长足的进步。

---

　　①　佚名，2021. 第 47 次中国互联网络发展状况统计报告 [R]. 北京：中国网络信息中心.

　　②　前瞻经济学人，2020.2020 年中国农产品电商行业市场现状与发展趋势分析跨境电商市场潜力将进一步释放 [EB/OL]. [2020-11-24].

　　③　搜狐，2020. 看了《2020 阿里农产品电商报告》才知道，农产品电商发展现状是这样的 [EB/OL]. [2020-07-14].

1. 农村公路基础设施

农村公路建设是农村地区经济社会发展的重要基础，公路基础设施是实现农产品进城、工业品下乡的必要条件。近年来，我国农村公路基础设施的不断完善，为农产品电子商务的快速发展打下了基础。

(1) 农村公路里程数不断增加。 从 2012—2019 年农村公路里程统计数据可以看出，我国的农村公路里程一直呈现快速增长趋势，从 2012 年的 367.84 万千米增长到 2019 年的 420.05 万千米，增长了 14.19%，如表 3 - 1 及图 3 - 2 所示。

表 3 - 1　2012—2019 年农村公路里程统计

单位：万千米

年份	农村公路里程	县道	乡道	村道
2012	367.84	53.95	107.67	206.22
2013	378.47	54.68	109.05	214.74
2014	388.16	55.2	110.51	222.45
2015	398.06	55.43	111.32	231.31
2016	395.98	56.21	114.72	225.05
2017	400.92	55.07	115.77	230.08
2018	403.97	54.97	117.38	231.62
2019	420.05	58.03	119.82	242.2

资料来源：交通运输部。

(2) 农村改建公路速度不断加快。 通过改建公路、提升公路质量可以提高客货车通达率及运输效率，对于加速破解农村"最后一公里"难题具有重要意义。从 2012—2017 年新改建农村公路的统计数据可以看出，2012—2016 年，新改建农村公路里程一直呈现增长趋势，从 2012 年的 19.5 万千米增长至 2016 年的 29.9 万千米，增长了 53.3%，直到 2017 年才出现小幅度的下降（图 3 - 3）。

图 3-2   2012—2019 年我国农村公路里程变化

（资料来源：交通运输部）

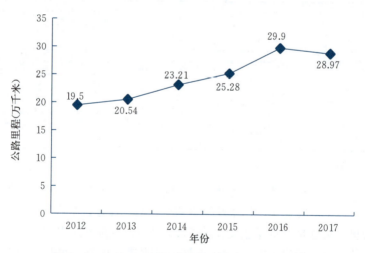

图 3-3   2012—2017 年我国新建改建农村公路情况

（资料来源：交通运输部）

（3）农村公路建设投资不断增长。近年来，我国对农村公路建设的投资始终处于快速增长趋势，从 2012 年的 2 145.2 亿元增加至 2018 年的 4 986 亿元，增长 115.6%，2019 年虽有小幅下降，但仍是保持着较大的投资额，如图 3-4 所示。农村公路的快速建设有力地支撑了农业现代化发展和农村新型经济的崛起；同时，对于增加农民收入和精准扶贫也起到了促进作用。

图 3-4　2012—2019 年我国农村公路建设投资完成情况

（资料来源：交通运输部）

2. 农村邮路网络

（1）已经实现行政村全部通邮。从 2012—2018 年已通邮的行政村比重的统计数据可以看出，近年来，我国农村邮路网络布局快速增长，在 2017 年已经实现了建制村 100% 直接通邮，如图 3-5 所示，97% 的乡镇有了快递网点，2019 年，我国连接的农村邮路总长度已经达到 505 万千米，农村地区收取快件的数量超过了 150 亿件①。

---

① 新华社，2020.505 万公里农村邮路助力脱贫攻坚 [EB/OL]. [2020-09-21].

图 3-5　2012—2018 年我国已通邮行政村比重变化

（资料来源：国家统计局）

（2）农村投递线路长度稳中有升。近年来，我国农村投递路线长度呈现出稳中有升的态势，2012—2017 年农村投递线路长度稳定在 370 万千米左右，在 2018 年出现较快增长，增至 403 万千米，相比 2017 年增长了 6％，如图 3-6 所示。

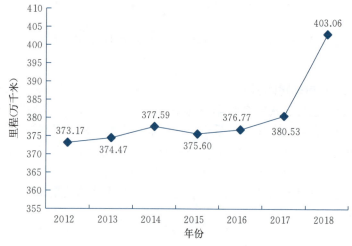

图 3-6　2012—2018 年我国农村投递线路变化情况

（资料来源：国家统计局）

3. 互联网基础设施

近年来，我国大力推进农村互联网基础设施建设，目前已经基本实现"城市光纤到楼入户，农村宽带进乡入村"。截至 2020 年 6 月，我国农村网民人数达到 2.85 亿，占我国网民总数的 30.4%。通过深入实施"宽带中国"战略，五批电信普遍服务试点支持了 4.3 万个贫困村的光纤网络建设，支持了 9 200 个贫困村的 4G 基站建设。截至 2020 年 3 月，我国行政村通光纤和通 4G 网络的比例均已超过了 98%，基本实现了城乡无差别覆盖。未来，国家将进一步推进农村宽带网络建设，实现城乡同网同速的目标[①]。

（三）农产品冷链物流条件不断完善

由于农产品具有易腐性，常温物流会造成较大的损耗，农产品需要冷链物流以降低损耗和保证品质。尽管我国的农产品冷链物流尚处于发展初期，但基于我国每年巨大的农产品生产和消费量，农产品冷链物流发展潜力巨大。2015 年，我国冷链物流市场规模为 1 800 亿元，至 2019 年，我国冷链物流市场规模已经达到 3 391 亿元，较 2015 年增长 88.4%，图 3-7 列示了 2015—2019 年我国冷

图 3-7 2015—2019 年我国冷链物流市场规模变化情况

（资料来源：中国物流与采购联合会冷链物流专业委员会）

---

① IT 之家，2020. 国家网信办：中国互联网基础设施世界最强，未来农村城乡同网同速 [EB/OL]. [2020-09-17].

链物流市场规模发展情况。

为满足巨大的冷链物流市场需求,我国的冷链物流设施也不断完善。我国的冷库总量从 2015 年的 3 710 万吨增长至 2019 年的 6 053 万吨,如图 3-8 所示,冷藏车保有量从 2015 年的 9.34 万辆增长至 2019 年的 21.47 万辆,如图 3-9 所示[①]。

图 3-8 2015—2019 年我国冷库总量及增速
(资料来源:中国物流与采购联合会冷链物流专业委员会)

图 3-9 2015—2019 年我国冷藏车保有量及增速
(资料来源:中国物流与采购联合会冷链物流专业委员会)

---

① 搜狐,2020.2020 年中国冷链物流行业市场现状及发展前景分析 [EB/OL].
[2020-09-14].

（四）对农产品电子商务的政策支持力度不断加大

近年来，我国对农产品电子商务的政策支持力度不断增大，极大促进了我国农产品电子商务的快速发展。2015 年 5 月，国务院办公厅印发了《关于大力发展电子商务加快培育经济新动力的意见》，同年 11 月，印发了《关于促进农村电子商务加快发展的指导意见》；同时相关部门也出台了大量支持农产品电子商务发展的政策。2019 年 1 月，《中华人民共和国电子商务法》正式颁布实施，进一步规范了电子商务包括农产品电子商务的发展。在政策支持和引导下，各地均建立了不同层次的农产品电子商务服务组织，包括农产品电子商务服务中心和村级农产品电子商务服务站等。服务站点网络的建立为基层开展农村电子商务活动提供了诸多帮扶。同时，各地方政府在农产品电子商务发展资金、人才、科技等方面提供了多方位的支持，为营造良好的农产品电子商务发展环境打下了基础。在数字乡村建设、电子商务进农村综合示范、"互联网＋"农产品出村进城工程、电商扶贫等政策的推动下，我国农产品电子商务继续保持了快速发展态势，农村生产要素被进一步激活、农产品电子商务经营主体的创新活力被进一步释放，促进农产品电子商务步入高质量发展阶段。

（五）电子商务成为精准扶贫重要手段

2014 年开始，国务院扶贫办联合商务部、财政部开展电子商务进农村综合示范工作，至 2018 年年底，已经累计支持了 737 个国家级贫困县，对全国贫困县的覆盖率达到了 88.6%；电商扶贫频道对接的贫困县数量超过 500 个[①]。2019 年，商务部会同有关部门推动实施的电商扶贫已经实现了对国家级贫困县的全覆盖；2019

---

① 和讯，2019. 商务部：电商进农村综合示范已累计支持 737 个国家级贫困县 [EB/OL]. [2019－02－12].

年全年贫困县网络零售额达到 2 392 亿元，同比增长 33％①。公众对于电商扶贫的认可度不断提高，截至 2020 年 6 月，通过电商渠道购买贫困地区特色农产品的网民比重达到了 34.6％，相比 2020 年 3 月提升 11.5％②。以阿里、京东、拼多多等为代表的大型电商平台不断创新农产品电子商务模式，引导贫困地区农产品上行。

案例分析

　　拼多多探索构建了"直播＋店铺＋品牌＋人才培训"的系统化电商扶贫模式；建立了以贫困档卡户为生产经营主体、以当地特色农产品为对象的种植、加工、销售一体化产业链，推动贫困地区农产品上行。截至 2020 年 11 月底，拼多多在云南、四川、青海、甘肃、西藏、贵州、宁夏等省份及深度贫困地区实现了消费扶贫全覆盖③。阿里依托平台和数据优势帮助贫困县做强产业、打造品牌、培养人才，逐步形成了三大主要电商扶贫模式，即"平台模式""一县一业模式"和"直播模式"，助力贫困地区脱贫攻坚④。京东则以品牌化为核心推进电商扶贫，从助力贫困地区农产品销售到扶持贫困地区发展特色产业，带动贫困地区劳动力就业，增强贫困地区农业产业的抗风险能力和可持续发展能力。截至 2019 年底，京东已经在全国 832 个贫困县上线商品超过 300 万种，实现销售额超过 600 亿元，直接带动了 80 万户建档立卡贫困户增收⑤。

---

① 中国网，2020. 电商扶贫已覆盖全部国家级贫困县 [EB/OL]. [2020 - 05 - 19].

② 第 46 次中国互联网络发展状况统计报告.

③ 微博（人民日报海外版），2020. 商务部研究院：拼多多等重塑"互联网＋农业＋消费"产业链 [EB/OL]. [2020 - 12 - 09].

④ 搜狐，2020. 看了《2020 阿里农产品电商报告》才知道，农产品电商发展现状是这样的 [EB/OL]. [2020 - 07 - 14].

⑤ 佚名，2019. 京东以平台优势助力贫困地区增收 [N]. 人民日报，2019 - 12 - 16 (01).

三、我国农产品电子商务发展中存在的问题

尽管我国农产品电子商务发展迅速，但与其他商品相比，农产品电子商务的市场渗透率依然不高。农产品电子商务的发展也面临着不少障碍，如物流问题、基础设施问题、人才问题等。

（一）农产品冷链物流基础设施仍有待完善

农产品不易储藏，容易腐烂变质，对运输环境和运输的及时性有较高要求。尽管我国农产品冷链物流发展迅速，但仍然有较大的改进空间。由于冷链普及率不高，我国的农产品损耗仍然相对较高。相关数据显示，目前发达国家已经将生鲜农产品物流过程中的损耗率控制在5％左右，我国的生鲜农产品平均损耗率则在10％以上，是发达国家的2～3倍。同时，我国的水产品冷链运输比率为69％，肉类产品冷链运输比率为57％，果蔬类农产品的冷链运输比率为35％，而发达国家的上述指标则均在80％～90％[①]。造成以上问题的原因在于农产品冷链物流的技术和设备相对落后，主要表现为专用运输工具缺乏、运输及存储保鲜技术落后、仓储条件和机械设备差且数量不足等。以冷库为例，据统计，2017年我国冷库总容量已经达到4 775万吨，与美国基本持平，但人均冷库占有量仅为美国的1/4，日本的1/3；且合规的冷藏车数量不多。

（二）区域农产品电子商务发展基础不足且不平衡

尽管近年来我国物流基础设施不断完善，但依然存在区域发展不平衡的问题。而基础设施相对落后的地区会在很大程度上制约农产品电子商务的发展。

---

① 搜狐，2020.2020年中国冷链物流行业市场现状及发展前景分析［EB/OL］.
［2020－9－14］.

1. 电信基础设施仍有提升空间

电子商务是基于互联网或移动互联网的交易模式，通信基础设施对于农产品电子商务发展具有重要影响。虽然，我国城镇互联网已经十分普及，电子商务交易模式也早已为消费者所接受。但城乡地区互联网发展仍存在较大差距，农村的互联网普及率仍有较大提升空间，截至 2020 年 12 月，我国农村互联网普及率为 55.9%，而城市互联网普及率为 79.8%，如表 3-2 及图 3-10 所示。

表 3-2　2015—2020 年我国农村互联网普及率

单位:%

时间	2015 年 12 月	2016 年 12 月	2017 年 12 月	2018 年 12 月	2019 年 6 月	2020 年 12 月
农村互联网普及率	31.6	33.1	35.4	38.4	39.8	55.9

资料来源：第 47 次中国互联网络发展状况统计报告。

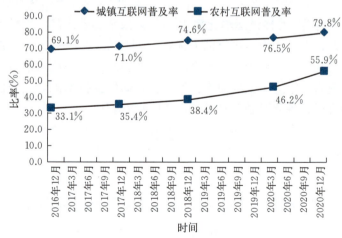

图 3-10　城乡地区互联网普及率

（资料来源：第 47 次中国互联网络发展状况统计报告）

2. 农村投递线路里程存在差异

根据 2018 年各省份农村投递线路里程统计的数据可知：农村投递线路里程在 20 万千米以上的省份有 7 个，分别为山东、广东省、江苏、四川、湖南、河北和浙江，居于全国前列，同比往年有显著增长；在农村投递线路里程统计中不足 10 万千米的省份有 11 个，分别为吉林、江西、西藏、新疆、重庆、青海、上海、海南、天津、北京和宁夏。因为地域面积相对较小，这里不将北京、上海、天津、重庆等直辖市的情况列为比较对象。但从省一级的数据看，农村投递线路里程相对较少的省份大部分位于西部地区，表3-3 及图 3-11 列示了 2018 年我国农村投递线路里程统计情况。

表 3-3　2018 年农村投递线路里程统计

单位：千米

地区	农村投递线路里程	地区	农村投递线路里程	地区	农村投递线路里程
北京	19 649	安徽	146 884	四川	252 983
天津	20 739	福建	102 319	贵州	122 967
河北	206 532	江西	90 190	云南	171 871
山西	109 231	山东	281 181	西藏	86 384
内蒙古	161 655	河南	191 463	陕西	124 468
辽宁	112 953	湖北	187 782	甘肃	130 145
吉林	94 677	湖南	208 932	青海	42 981
黑龙江	119 373	广东省	270 803	宁夏	11 743
上海	36 760	广西	107 965	新疆	68 209
江苏	257 907	海南	30 662		
浙江	200 106	重庆	61 069		

资料来源：国家统计局。

3. 农村电子商务配送网点不健全

由于部分村地理位置偏僻、道路基础设施不完善、农民居住分散，村一级物流配送网点建设成本较高，很多农村的快递只能发到乡镇，"最后一公里"问题仍是制约农村电子商务发展的瓶颈。相关数据显示，仍有 79.4% 的农村没有电子商务配送站点，造成居民收发快递不方便、费用较高，无法实现"家门口收发货"，这些都阻碍了农产品上行和工业品下乡的进程。

4. 农产品电子商务发展还存在区域差距

《2020 阿里农产品电商报告》的数据显示，2019 年农产品电子商务销售额排名前十的省份有浙江、广东、江苏、山东、上海、安徽、福建、四川、云南、湖北。从这个统计结果看，农产品电子商务发展较好的省份多具有较为雄厚的经济基础，且多为东部省市，可见农产品电子商务发展的区域差距还相对较大①。

（三）农村电子商务物流发展仍有较大空间

物流是电子商务发展的基础和支撑，电子商务与物流相互依存、相互促进，电子商务物流对国民经济的作用日益重要。2016 年 10 月，中国物流与采购联合会和京东开始联合发布电子商务物流指数，电子商务物流指数以月为单位进行发布，用以反映电子商务物流的运行状况和发展趋势，该指数由 9 个分项指标和 1 个合成指数构成，其中 9 个分项指标分别为总业务量、农村业务量、库存周转、物流时效、履约率、满意度、实载率、成本、人员；合成指数由总业务量、物流时效、履约率、满意度、实载率、成本、人员 7 个分项指数加权合成，合成指数即称为中国电商物流指数。

2016 年 10 月发布的首个电商物流指数为 119；2017 年指数平均值为 121.1；2018 年指数平均值为 111.5；2019 年指数平均值为 111.2；2020 年指数平均值为 107.9，如图 3-11 所示。

农村业务量是电子商务物流指数的重要构成。从 2017—2020 年的农村电子商务物流业务量情况来看，2018 年和 2019 年相对稳定，但是较 2017 年有较大幅度下降，2020 年因特殊情况相比 2018 年和 2019 年又有较大下滑，具体如表 3-4 所示。由此可见，农村电子商务物流存在一定波动且仍具有较大的发展空间，随着电子商务进农村工程的持续大力推进，农村电子商务物流将会迎来更大发展。

---

① 搜狐，2020. 看了《2020 阿里农产品电商报告》才知道，农产品电商发展现状是这样的 [EB/OL]. [2020-07-14].

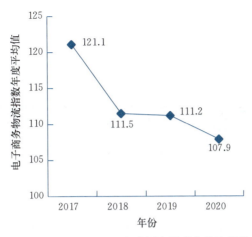

图 3-11 2017—2020 年我国电子商务物流指数

表 3-4 中国电商物流指数——农村业务量指数

年份	农村业务量指数年度平均值
2017	147.1
2018	131
2019	130
2020	118.5

资料来源：作者根据电商物流月度指数整理。

（四）农产品电子商务发展人才匮乏

现代农业发展需要更多懂农业、爱农村、爱农民的人才。但当前人才约束已经成为制约农业农村发展的主要因素。一方面，农村能人普遍外出务工经商，缺少具有市场意识和经营管理能力的致富带头人；另一方面，当前农民整体受教育水平依然不高。当前，很多农村地区的电子商务发展仍然受制于人才约束。特别是在一些地方，村庄"空心化"比较严重，更是缺少掌握新知识、新技能的年轻人才。农产品电子商务经营既需要农业知识，又需要互联网知识及一定的管理知识，需要更多的具有综合知识的人才来带动电子商务发展。

第四章

农产品电子商务发展的驱动因素

互联网的发展不仅改变了我们的生活，更推进了商业模式的重构，这其中影响最深远的莫过于电子商务经济的发展。电子商务的发展是对传统交易方式的变革，农产品电子商务是农产品流通制度创新的一种形式。新制度经济学理论认为，要素和产品相对价格的变化、技术进步、外部利润的存在、权利结构的变化、偏好的变化都会成为影响制度变迁的因素。North 认为，制度变迁源于外部性，如技术、市场规模、相对价格、收入预期等。林毅夫定义了诱致性制度变迁与强制性制度变迁。其中，诱致性制度变迁是指现行制度安排的变更和更替，或是新制度安排的创造是由一个人和一群人在响应获利机会时自发倡导、组织和实行的。强制性制度变迁则是由政府命令、法律引入和实行的[①]。基于此，本书将农产品电子商务发展的驱动因素分为 3 方面，即需求拉动、技术支撑、政策推动。

一、需求变化驱动农产品电子商务发展

需求是驱动农产品电子商务发展的重要因素，美国学者厄特巴克（Utterback）1974 年的一项研究结论认为 60%～80%的重要创新是由于需求拉动的。随着消费需求的升级，农产品电子商务也处

---

① 卢现祥，2013. 新制度经济学 [M]. 武汉：武汉大学出版社：184，203.

于动态发展之中，以满足不断变化的需求。从经济学角度看，需求一方面表现为对商品的偏好；另一方面表现为支付能力。在偏好方面，消费者对农产品的需求已经由关注数量和种类转向关注品质和生活，对质量、新鲜度、安全、品牌、附加价值、购买便利性及快捷性等方面的要求越来越高；在支付能力方面，随着经济快速发展，我国的居民收入水平不断提高，消费者对高品质和品牌农产品已经具备了一定的支付能力，消费者对农产品的购买由过去的"买得到"转变为"有选择的购买"。在互联网时代，消费者的消费行为已经发生重大变化，消费模式的改变将促使农产品电子商务不断进行变革与创新。

（一）消费者需求越来越呈现出个性化趋势

改革开放以来，随着经济社会的快速发展，消费者的收入水平、生活方式、食品的消费结构、消费价值观均发生了深刻的变化。1978 年全国人均可支配收入为 171 元，到了 2017 年，全国人均可支配收入达到 25 974 元，剔除价格因素，比 1978 年增长 22.8 倍，年均增长 8.5%[①]。农产品的消费结构也从过去以粮食为主转向对蔬菜、水果、肉、禽、鱼、蛋、奶的更多需求。随着消费者收入水平的提高，农产品消费正在进行着由"数量满足型"向"质量追求型"的转变，消费者对农产品质量安全和农产品品牌的重视程度明显提高，特别是在 2008 年三聚氰胺重大食品安全事件之后。当前，很多消费者在购买农产品时，首先考虑的因素已经是质量而不是价格，部分消费者已经通过在电子商务平台订制农产品、参与社区支持农业，甚至购买进口农产品等方式规避质量不安全的农产品。

同时，农产品消费需求迅速分化，呈现出个性化、体验化、高端化、小众化的特点，消费者在购买农产品时更加关注食品安全、

①　中国经济网，2018. 国家统计局：改革开放以来全国人均可支配收入增长 22.8 倍 [EB/OL]. [2018 - 08 - 27].

体验性、服务性等方面。在消费过程中，消费者既是购买商品更是购买体验。埃森哲发布的调查报告显示，消费者对商品属性的关注程度依次为产品品质、使用体验、绿色健康、外形设计、服务、产品创意，如图4-1所示。消费者对农产品的需求转向"吃得好""吃得健康""吃得有品质""吃得更具乐趣"；由对农产品的物质属性需求转向更高层次的生活体验需求。消费者对农产品消费中的特产化、精致化、增值服务的要求越来越高。

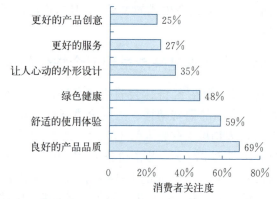

图4-1　埃森哲消费者商品属性关注度调查数据

（资料来源：2018埃森哲中国消费者洞察系列报告：新消费　新力量）

（二）消费者已经演变为全天候移动消费者

我国拥有世界上最大规模的网购人群和网购市场。近年来，我国的网民规模不断增加，从2012年的5.64亿人增加到2020年6月的9.4亿人，如图4-2所示。智能手机和平板电脑的普及使用，使得消费者以前所未有的规模保持"在线状态"，通过移动设备购买商品已经成为很多消费者的首选方式，很多消费者已经成为了24小时购物者，希望在任何时间、任何地点都可以购买到其所需要的农产品，其购买热情经常在"在线逛"的过程中被激发出来。截至2020年6月，我国网民规模已经约为9.4亿人，这其中使用手机上网的比重为 99.2%，网民人均每周上网时长为 28 个小时①。

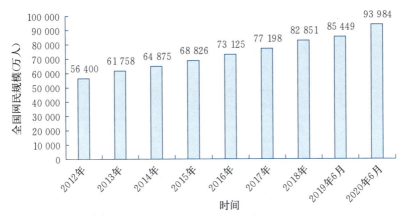

图 4-2　2012—2020 年我国网民规模变化趋势

注：表中 2019、2020 年数据均为 6 月统计数据。

（三）购物社交化成为重要的消费需求趋势

在移动互联时代，每个人都成为了社交化的消费者。社交网络已经成为聚集消费者的重要渠道。以 QQ 群、微信群等为代表的移动社交网络增强了消费过程中的社交性和互动性。埃森哲发布的调查报告显示，购物已经呈现出明显的社交化趋势，47%的消费者越来越认为购物是社交的副产品。许多消费已经呈现出"购买—分享—再购买"的循环链式反应。被调查对象中约 87%的消费者愿意和别人分享其购买过程的体验或者发表评论，55%的消费者会在社交应用中分享自己的购物。这部分消费者更容易受到社交分享的影响和刺激，从而增加冲动购买。在移动互联时代，兴趣圈正成为消费的新推手，89.6%的消费者都有自己的兴趣圈，其中关于美食的兴趣圈居于首位，前 5 大兴趣圈分别为美食、旅游、运动健身、音

---

①　第 46 次《中国互联网络发展状况统计报告》［EB/OL］．中国互联网信息中心，2020 - 09 - 29．

乐影视、阅读，如图 4-3 所示。随着消费者对品质生活的要求越来越高，越来越多的人加入到围绕食品的兴趣圈或社群之中，社群对消费者购买农产品决策的影响作用越来越大，成为支持农产品电商发展的重要动力。

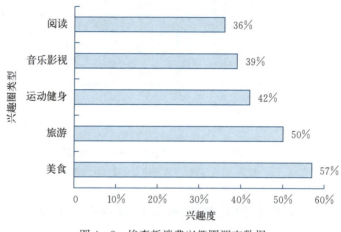

图 4-3　埃森哲消费兴趣圈调查数据
（资料来源：2018埃森哲中国消费者洞察系列报告：新消费　新力量）

二、技术创新驱动农产品电子商务发展

　　技术创新对电子商务的发展具有巨大的推动作用，尤其是颠覆性技术创新可能改变整个电子商务产业的发展方向。技术创新是一系列非连续性事件，重点包括新颖的构思以及构思的实现，是一系列改进现有产品、创造新的产品、生产过程或者服务方式的技术活动。技术创新的重要特点就是强调商业应用。从经济学视角看，技术创新可以不断扩展生产的可能性边界。技术创新一般具有不确定性、高风险与高收益并存、技术积累和路径依赖、收益非独占性等特点。对于电子商务来说，技术创新是降低成本和提高效率的关键。每一次技术创新都会对电子商务产业产生巨大影响，在技术变

革的基础上不断衍生出新的商业模式和业态。

近年来，以信息技术、物联网技术为代表的新兴技术快速发展，不断渗透并改变着消费者的生活理念和方式。信息技术和物联网技术在农业生产和农村生活中的快速渗透，不仅改变着农业原有生产的技术路线，还丰富了农业产业经营的内容和形式，催生了一大批多产业融合的新型业态和商业模式。尤其是"互联网＋"对产业融合和农产品流通模式创新具有巨大推动作用，正不断改变着农产品流通渠道、农产品消费模式和农产品营销模式。农产品电子商务正是在技术不断创新的推动下得以快速发展。正是由于技术创新不断渗透和融入到电子商务系统，才使得电子商务获得了长期发展和创新的持续动力。技术对农产品电子商务发展的促进作用不仅体现在对交易、支付、物流等功能模块效率的提升上，同时还体现在对电子商务流程的组织管理创新的推动上。本书将驱动农产品电子商务发展的技术系统分为两类，即新一代数字技术和现代物流技术。

（一）新一代数字技术

现代互联网技术、通信技术、支付技术、信息安全技术是电子商务发展的基本技术。近年来，新一代数字技术促使人与人、人与物、物与物之间开启了更为广泛的互联互通。在新数字技术的驱动下，农产品电子商务的发展也越来越呈现出开放性、参与性、社会性特点。这些新数字技术包括云计算、大数据、人工智能、5G、区块链、物联网等，如表 4-1 所示。

表 4-1　新一代数字技术简介

数字技术	简　　介
云计算	通过网络"云"将巨量的数字计算程序分解为多个小程序，通过多部服务器组成的系统进行处理和分析这些小程序得到结果并返回给用户

（续）

数字技术	简　　介
大数据	对所有数据进行分析处理，而不是采用随机分析的方法，通过对海量数据的分析获得有巨大价值的产品和服务，或者是深刻的洞见。大数据具有大量、高速、多样、低价值密度、真实性的特点
人工智能	简称 AI（Artificial Intelligence），是研发用于模拟、延伸及拓展人类智能的理论、方法、技术及应用系统的新兴科学。人工智能实质上是研究如何使计算机做过去只有人类才能做的智能工作。人工智能现阶段主要应用于机器人、语言识别、图像识别、自然语言处理和专家系统等领域
5G	即第五代移动通信技术，5G 是最新一代蜂窝移动通信技术，5G 技术可以实现更高的数据传输速度、更低的网络延迟、更大的网络容量、更低的成本和能耗
区块链	区块链是一种数据以区块（block）为单位产生和存储、并按时间顺序首尾相连形成链式（chain）结构，同时通过密码学保证不可篡改、不可伪造及数据传输访问安全的去中心化分布式账本。区块链技术本质上是一个去中心化的数据库，是分布式存储、点对点传输、共识机制、加密算法等计算机技术的新型应用模式。区块链核心技术包括：哈希计算、数字签名、P2P（点对点）网络、分布式数据库、共识算法、智能合约。区块链技术具有以下特点：一是区块链技术是一种几乎不可能被更改的分布式数据库，既包括分布式存储也包括分布式记录。二是区块链是基于"代码和算法的信任"，其遵从规矩到规制再到代码（智能契约）的逻辑，达成信任提供纯公开的算法解决方案。三是区块链的运行规则是公开透明的，所有的数据信息也是公开的，因此所有节点均可见到每一笔交易信息，从而解决信息不对称问题，实现不同主体之间的协同行动。当前，区块链技术已经从探索进入应用阶段，应用于金融、供应链、政务服务、存证及版权、能源领域等不同场景
物联网	物联网是在互联网基础上延伸的网络，通过信息传感设备将物体与网络相连，实现人、机、物的互联互通。物联网经过整体感知、可靠传输、智能处理可以实现识别、定位、追踪等功能，真正实现万物互联

（二）现代物流技术

物流是农产品电子商务系统的核心，物流效率和服务质量会对电子商务发展产生重要影响。对于电子商务来说，每一次物流技术的进步带来的不仅是物流效率的提高，同时会带来整个电子商务系统运作效率的改进。从轮船、火车到集装箱再到智能化物流管理，物流技术的每一次进步都对物流的发展起了巨大的推动作用，进而促进物流服务模式的不断创新。物流技术的发展历程是物流技术创新同技术运用之间的互动过程。物流技术创新一般先是以单一的技术创新为突破点，在具备了一定的带动作用之后，就形成了一个系统性的技术链条，进而促进新的物流模式的产生。近年来，随着互联网经济的快速发展，互联网在优化物流资源配置中的作用越来越大，促进了以"互联网＋物流"为标志的"智慧物流"的快速发展。

在智能经济时代，"智慧物流"将是未来物流技术创新的主要方向；同时，智慧物流发展也成为电子商务商业效率提升及模式创新的重要推力。"智慧物流"是将智能设备、物联网、大数据和云计算等技术的综合应用于物流之中。一方面，通过自动导引车（AGV）、自主移动机器人（AMR）、分拣机器人、可穿戴设备、无人叉车、工业机器人、服务机器人、无人零售、无人机、无人配送车等智能设备的应用提升物流作业效率、降低物流成本。另一方面，通过多场景的智能解决方案，改进物流设备调度、路由网络、路径规划、供应链设计、可追溯、行为监控等物流环节的效率。智慧物流的最大特点就是物流与新一代数字技术的有效结合，并以此为基础形成了智慧仓储、智慧运输、智慧配送等功能单元，最终形成完整的智慧物流服务系统，如图4-4所示。

在智慧仓储方面，京东、苏宁、顺丰等企业均在积极开发全自动仓储系统，推广智能仓储机器人在仓储管理中的应用，科学利用仓储信息优化客户订单管理，并不断提高仓储的机械化、自动化和信息化水平。当前，智慧仓储已经在快递、电商、冷链、医药等高

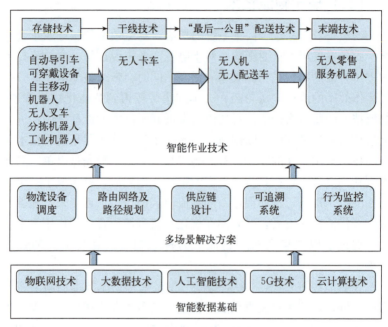

图4-4 智慧物流技术

端物流领域取得较快发展。在智慧运输方面，京东已经开始试行无人机配送、无人汽车配送；同时像运满满、货车帮等物流平台企业也已开发出了"互联网＋车货匹配""互联网＋货运经纪""互联网＋甩挂运输""互联网＋合同物流"等以互联网技术为核心的物流服务创新模式。在智慧配送方面，日日顺、速派得、云鸟配送等物流平台型企业正在积极构建城市配送的运力池，开展共同配送、集中配送、即时配送、智能配送等模式，以解决"最后一公里"问题。在物流信息系统方面，货物跟踪定位、无线射频识别、电子数据交换、可视化技术、移动信息服务和位置服务等技术已经在物流服务中得到广泛应用。大数据、物联网、云计算等新技术也被引入到物流服务之中，如百度致力于打造"物流＋互联网＋大数据"三位一体的智慧物流云平台；菜鸟网络陆续推出物流预警雷达、大数据分单路由、四级地址库等数据服务，引领智慧物流发展趋势。

大数据技术对于智慧物流的发展起了很大的推动作用。利用大数据技术可以解决物流车辆空载率比较高的问题。如菜鸟网络数据平台利用大数据技术整合了商家、消费者、物流企业、第三方社会机构的相关数据，在很大程度上降低了物流企业与商家之间的信息不对称。同时，大数据技术驱动的智能算法和智能拣货可以提高物流效率、降低物流成本。如京东通过对用户购买习惯大数据的分析，在不同地区按照消费数量要求对入库的货物进行预先配货。通过预测客户的习惯性购买目标进行提前配货，可以减少调货的可能性。当订单生成后，信息系统会根据大数据分析的结果给出物流仓储系统中的最优配货分拣线路，并迅速进行打包出库等作业，将货物按照最优路径快速送到客户手中。

三、政策供给支持农产品电子商务发展

决定农产品电子商务成功与否的重要因素之一就是政府的政策扶持。政策因素直接作用于农产品电子商务发展的不同阶段，对农产品电子商务有着重要影响作用。一般来说公共政策的基本功能包括引导功能、调控功能和分配功能。纵观世界农业发展，由于农业的特殊地位及产业特点，政策支持在各国农业发展中均发挥着重要作用。对于农产品电子商务来说，政策供给有利于解决其发展过程中面临的诸多瓶颈问题。

罗伊·罗斯韦尔（Roy Rothell）和沃尔特·泽哥菲尔德（Walter Zegveld）将政府的公共政策工具分为供给型、需求型和环境型三类。基于政策工具的视角，本书将政府支持农产品电子商务发展的政策分为供给型政策、需求型政策、环境型政策。其中，供给型政策是指政府通过各种方式的支持促进农产品电子商务的发展，包括基础设施建设、资金投入、人才培训、信息支持等方面的政策内容，为农产品电子商务发展过程中各要素的可持续发展提供资源保证。需求型政策指政府通过政府购买、服务外包、国际合作等方式

支持农产品电子商务发展的政策。环境型政策意在为农产品电子商务发展营造良好的市场环境和社会环境，政府通过金融支持、税收优惠、法规监管等支持农产品电子商务健康发展；同时通过政策供给激活和吸引要素参与农产品电子商务发展，持续为农产品电子商务发展注入外部动力。近年来，国家高度重视农产品电子商务的发展，相继出台了一系列促进农产品电子商务发展的支持政策，本书梳理了 2015 年至今农产品电子商务发展的重要支持政策，如表 4 - 2 所示。

表 4 - 2　近年来我国支持农产品电子商务发展的主要政策

文件名	时间	部分关键内容描述
国务院关于大力发展电子商务加快培育经济新动力的意见	2015 年 5 月	积极发展农村电子商务。加强互联网与农业农村融合发展，引入产业链、价值链、供应链等现代管理理念和方式，研究制定促进农村电子商务发展的意见，出台支持政策措施。加强鲜活农产品标准体系、动植物检疫体系、安全追溯体系、质量保障与安全监管体系建设，大力发展农产品冷链基础设施。开展电子商务进农村综合示范，推动信息进村入户，利用"万村千乡"市场网络改善农村地区电子商务服务环境。建设地理标志产品技术标准体系和产品质量保证体系，支持利用电子商务平台宣传和销售地理标志产品，鼓励电子商务平台服务"一村一品"，促进品牌农产品走出去。鼓励农业生产资料企业发展电子商务。支持林业电子商务发展，逐步建立林产品交易诚信体系、林产品和林权交易服务体系
国务院办公厅关于促进农村电子商务加快发展的指导意见	2015 年 11 月	（一）积极培育农村电子商务市场主体。充分发挥现有市场资源和第三方平台作用，培育多元化农村电子商务市场主体，鼓励电商、物流、商贸、金融、供销、邮政、快递等各类社会资源加强合作，构建农村购物网络平台，实现优势资源的对接与整合，参与农村电子商务发展

（续）

文件名	时间	部分关键内容描述
国务院办公厅关于促进农村电子商务加快发展的指导意见	2015 年 11 月	（二）扩大电子商务在农业农村的应用。在农业生产、加工、流通等环节，加强互联网技术应用和推广。拓宽农产品、民俗产品、乡村旅游等市场，在促进工业品、农业生产资料下乡的同时，为农产品进城拓展更大空间。加强运用电子商务大数据引导农业生产，促进农业发展方式转变 （三）改善农村电子商务发展环境。硬环境方面，加强农村流通基础设施建设，提高农村宽带普及率，加强农村公路建设，提高农村物流配送能力；软环境方面，加强政策扶持，加强人才培养，营造良好市场环境
国务院关于积极推进"互联网＋"行动的指导意见	2015 年 7 月	积极发展农村电子商务。开展电子商务进农村综合示范，支持新型农业经营主体和农产品、农资批发市场对接电商平台，积极发展以销定产模式。完善农村电子商务配送及综合服务网络，着力解决农副产品标准化、物流标准化、冷链仓储建设等关键问题，发展农产品个性化定制服务。开展生鲜农产品和农业生产资料电子商务试点，促进农业大宗商品电子商务发展
国务院办公厅关于推进线上线下互动加快商贸流通创新发展转型升级的意见	2015 年 9 月	推进农村市场现代化。开展电子商务进农村综合示范，推动电子商务企业开拓农村市场，构建农产品进城、工业品下乡的双向流通体系。引导电子商务企业与农村邮政、快递、供销、"万村千乡市场工程"、交通运输等既有网络和优势资源对接合作，对农村传统商业网点升级改造，健全县、乡、村三级农村物流服务网络。加快全国农产品商务信息服务公共平台建设。大力发展农产品电子商务，引导特色农产品主产区县市在第三方电子商务平台开设地方特色馆。推进农产品"生产基地＋社区直配"示范，带动订单农业发展，提高农产品标准化水平。加快信息进村入户步伐，加强村级信息服务站建设，强化线下体验功能，提高新型农业经营主体电子商务应用能力。支持新型农业经营主体对接电子商务平台，有效衔接产需信息，推动农产品线上营销与线下流通融合发展

（续）

文件名	时间	部分关键内容描述
国务院办公厅关于深入实施"互联网＋流通"行动计划的意见	2016年4月	深入推进农村电子商务。坚持市场运作，充分发挥各类市场主体参与农村电子商务发展的动力和创造力。促进农产品网络销售，以市场需求为导向，鼓励供销合作社等各类市场主体拓展适合网络销售的农产品、农业生产资料、休闲农业等产品和服务，引导电子商务企业与新型农业经营主体、农产品批发市场、连锁超市等建立多种形式的联营协作关系，拓宽农产品进城渠道，突破农产品冷链运输瓶颈，促进农民增收，丰富城市供应。畅通农产品流通，切实降低农产品网上销售的平台使用、市场推广等费用，提高农村互联网和信息化技术应用能力。鼓励电子商务企业拓展农村消费市场，针对农村消费习惯、消费能力、消费需求特点，从供给端提高商品和服务的结构化匹配能力，带动工业品下乡，方便农民消费。鼓励邮政企业等各类市场主体整合农村物流资源，建设改造农村物流公共服务中心和村级网点，切实解决好农产品进城"最初一公里"和工业品下乡"最后一公里"问题。加强适应电子商务发展需要的农产品生产、采摘、检验检疫、分拣、分级、包装、配送和"互联网＋回收"等标准体系建设。支持建设农产品流通全程冷链系统，重点加强全国重点农业产区冷库建设
商务部等19部门关于加快发展农村电子商务的意见	2015年8月	加快推进农村产品电子商务。以农产品、农村制品等为重点，通过加强对互联网和大数据的应用，提升商品质量和服务水平，培育农村产品品牌，提高商品化率和电子商务交易比例，带动农民增收。与农村和农民特点相结合，研究发展休闲农业和乡村旅游等个性化、体验式的农村电子商务。指导和支持种养大户、家庭农场、农民专业合作社、农业产业化龙头企业等新型农业经营主体和供销合作社、扶贫龙头企业、涉农残疾人扶贫基地等，对接电商平台，重点推动电商平台开设农业电商专区、降低平台使用费用和提供互联网金融服务等，实现"三品一标""名特优新"

（续）

文件名	时间	部分关键内容描述
商务部等 19 部门关于加快发展农村电子商务的意见	2015 年 8 月	"一村一品"农产品上网销售。鼓励有条件的农产品批发和零售市场进行网上分销，构建与实体市场互为支撑的电子商务平台，对标准化程度较高的农产品探索开展网上批发交易。鼓励新型农业经营主体与城市邮政局所、快递网点和社区直接对接，开展生鲜农产品"基地＋社区直供"电子商务业务。从大型生产基地和批发商等团体用户入手，发挥互联网和移动终端的优势，在农产品主产区和主销区之间探索形成线上线下高效衔接的农产品交易模式
乡村振兴战略规划（2018—2022 年）	2018 年 9 月	深入实施电子商务进农村综合示范，建设具有广泛性的农村电子商务发展基础设施，加快建立健全适应农产品电商发展的标准体系
关于促进电商精准扶贫的指导意见	2016 年 11 月	（一）加快改善贫困地区电商基础设施。深入推进电子商务进农村综合示范，重点向国家级贫困县倾斜。扎实推进贫困地区道路、互联网、电力、物流等基础设施建设，改善贫困地区电商发展基本条件。（二）促进贫困地区特色产业发展。结合贫困村、建档立卡贫困户脱贫规划，确立特色产业和主导产品，推动"名特优新"、"三品一标"、"一村一品"农产品和休闲农业上网营销。（三）加大贫困地区电商人才培训。以精准扶贫为目标，针对建档立卡贫困户、电商创业脱贫带头人、农村青年致富带头人、村级信息员和残疾人专职委员等，制定电商培训计划。（四）鼓励建档立卡贫困户依托电商就业创业。为符合条件的贫困地区高校毕业生、返乡创业农民工和网络商户等发展电子商务提供创业担保贷款，支持贫困村青年、妇女、残疾人依托电子商务就业创业。（五）支持电商扶贫服务体系建设。动员有志于扶贫事业的电商企业，搭建贫困地区产品销售网络平台和电商服务平台。

（续）

文件名	时间	部分关键内容描述
关于促进电商精准扶贫的指导意见	2016年11月	（六）推进电商扶贫示范网店建设。加快贫困村电商扶贫村级站点建设，形成"一店带多户"、"一店带一村"的网店带贫模式。（七）整合资源，对基层传统网点实施信息化改造升级。加快全国信息进村入户村级信息服务站建设。（八）加强东西部电商扶贫产业对接协作。充分利用东西部扶贫协作工作平台，深化东西部电商产业交流合作。（九）动员社会各界开展消费扶贫活动。以每年扶贫日为时间节点，组织有关电商企业和网络平台，共同举办消费扶贫体验活动，集中购买贫困地区土特产品
商务部 农业部关于深化农商协作 大力发展农产品电子商务的通知	2017年8月	（一）开展农产品电商出村试点。（二）打造农产品电商供应链。（三）推动农产品产销衔接。（四）实施农村电商百万带头人计划。（五）提高农产品网络上行的综合服务能力。（六）强化农产品电子商务大数据发展应用。（七）大力培育农业农村品牌。（八）健全农产品质量安全检测和追溯体系。（九）开展农产品电子商务标准化试点。（十）加强监测统计和调查研究
中共中央 国务院关于打赢脱贫攻坚战三年行动的指导意见	2018年6月	实施电商扶贫，优先在贫困县建设农村电子商务服务站点。继续实施电子商务进农村综合示范项目。动员大型电商企业和电商强县对口帮扶贫困县，推进电商扶贫网络频道建设
关于加快发展流通促进商业消费的意见	2019年8月	扩大电子商务进农村覆盖面，优化快递服务和互联网接入，培训农村电商人才，提高农村电商发展水平，扩大农村消费。加快农产品产地市场体系建设，实施"互联网＋"农产品出村进城工程，加快发展农产品冷链物流，完善农产品流通体系，加大农产品分拣、加工、包装、预冷等一体化集配设施建设支持力度，加强特色农产品优势区生产基地现代流通基础设施建设。拓宽绿色、生态产品线上线下销售渠道，丰富城乡市场供给，扩大鲜活农产品消费

文件名	时间	部分关键内容描述
农业农村部等关于实施"互联网＋"农产品出村进城工程的指导意见	2019年12月	（一）建立市场导向的农产品生产体系。（二）加强产地基础设施建设。（三）加强农产品物流体系建设。（四）完善农产品网络销售体系。（五）强化网络销售农产品质量安全监管。（六）加强农产品品牌建设。（七）加强农产品标准体系建设。（八）加强网络应用技能培训。（九）运用互联网发展新业态新模式。（十）发挥多元市场主体带动作用
关于促进小农户和现代农业发展有机衔接的意见	2019年2月	开展电商服务小农户专项行动。实施互联网＋小农户计划。加快农业大数据、物联网、移动互联网、人工智能等技术向小农户覆盖，提升小农户手机、互联网等应用技能，让小农户搭上信息化快车。推进信息进村入户工程，建设全国信息进村入户平台，为小农户提供便捷高效的信息服务。鼓励发展互联网云农场等模式，帮助小农户合理安排生产计划、优化配置生产要素。发展农村电子商务，鼓励小农户开展网络购销对接，促进农产品流通线上线下有机结合。深化电商扶贫频道建设，开展电商扶贫品牌推介活动，推动贫困地区农特产品与知名电商企业对接。支持培育一批面向小农户的信息综合服务企业和信息应用主体，为小农户提供定制化、专业化服务
数字乡村发展战略纲要	2019年5月	创新农村流通服务体系。实施"互联网＋"农产品出村进城工程，加强农产品加工、包装、冷链、仓储等设施建设。深化乡村邮政和快递网点普及，加快建成一批智慧物流配送中心。深化电子商务进农村综合示范，培育农村电商产品品牌。建设绿色供应链，推广绿色物流。推动人工智能、大数据赋能农村实体店，促进线上线下渠道融合发展

　　从以上主要政策的内容摘要可以看出，我国已经构建了比较完善的农产品电子商务发展政策支持体系，在有关农产品电子商务发

展的基础设施、人力培养、资金投入、优惠政策等方面均给予了引导和支持，对克服当前农产品电子商务发展的瓶颈、降低农产品电子商务发展风险、促进农产品电子商务可持续健康发展均具有重要作用。

第五章

农产品电子商务生态系统

农产品电子商务涉及的主体包含电商企业、农产品生产者（农户、农民合作社、农业企业）、不同类型服务的提供商、消费者等。在农产品电子商务中，以电商平台或企业为核心，通过整合 IT 服务、物流服务、金融服务、市场营销服务，实现农产品从源头到消费者的流动。

一、商业生态系统

生态系统是生物学中的一个概念，Moore 于 1996 年将其引入到经济管理学研究之中，并将其定义为"一种基于组织和个体互动的经济联合体"。Moore（1999）从生物生态学视角考察经济运转、商业活动与行业特点[①]。商业生态系统是由一定的具有利益相关关系的组织或群体等的集合构成的动态结构系统，包括消费者、供应商、其他风险承担者、社会公共服务机构等。商业生态系统的核心在于生物学中所强调的"不同主体间的相互依赖"。在 Moore 提出商业生态系统理论后，很多学者也进行了相关的后续研究，使得其理论得到了进一步的拓展和完善。

在商业生态系统中，不同类型参与者扮演着不同的角色。从大

---

① 詹姆斯·弗·穆尔，1999. 竞争的衰亡——商业生态系统时代的领导与战略 [M]. 梁俊，杨飞雪，李丽娜，译. 北京：北京出版社.

的方面看，商业生态系统主要由处于不同生态位且具有利益关联的企业和企业所处的环境构成（Moore，1999）。Moore（1996）构建了由消费者、中介、供应商、企业构成的商业生态系统结构模型。商业生态系统中的成员具有相互依存、互利共生和共同进化的特点（Fragidis，2007）。Peltoniemi Vuor（2004）认为商业生态系统是一种动态结构，是由相互具有联系度的组织例如企业、服务机构、科技中心等共同构成的，这些组织的变动会引起商业生态系统内部的变化。Iansiti 和 Levin（2004）认为，在商业生态系统中包含了四类企业，分别是核心企业、主导企业、霸占企业和利基企业。Rong 等（2013）认为商业生态系统应包括市场需求方、产业供应方、中介组织、政府、行业协会以及其他利益相关者。商业生态系统具有明显的价值共创的特征。Hannah 和 Eisenhardt（2018）认为商业生态系统的的设计应充分考虑参与者的价值主张。Adner（2017）提出匹配是商业生态系统的重要特征，商业生态系统成功运行的关键在于参与者就核心价值主张、在生态系统中的位置、所从事的价值活动等内容达成共识。Kim（2010）提出商业生态系统内部成员通过协作可以创造远大于单个企业单打独斗所能创造的商业价值。

国内学者也对商业生态系统进行了大量研究。王立志和韩福荣（2002）从群体分类的层面将企业生态系统进行分类：一是生物成分，即企业、消费群体、产品生产者、产品供应者等主要物种；二是非生物成分，包括政策环境、科技水平、社会自然环境等。范保群（2005）对商业生态系统的竞争方式进行了分析，他提出商业生态系统的竞争方式是主体通过建立利益网络使更多的成员进入该系统，形成相互依存、互相促进的共生关系。韩炜等（2021）认为新创企业的商业模式特征会在很大程度上影响其所塑造的商业生态系统的属性。郑婷予和汪涛（2020）提出主体本身、网络关系、外部环境均会对商业生态系统的健康产生影响。张镒和刘人怀（2020）分析了平台企业在商业生态系统中的领导力问题，发现平台领导力的获得与平台企业在商业生态系统中所处的生态位密切相关；平台企业在商业生态系统中扮演缔造者、协调者、领头羊及编排师四种角色。宁连举等（2020）对商业生态系统的形成与演化进行了分析，提出降低产业链的内部交易成本是促进商业生态系统形成的关键因素；而降低外部交易成本是推动商业生态系统演化的关键因素；制定具有保护弱势群体性质的收益分配机制是维持商业生态系统健康运行的重要条件。唐红涛等（2019）对基于互联网的商业生态系统进行了研究，结果表明：互联网生态结构的演化经历了萌芽期、成长期、繁殖期、分化期四个主要阶段，商业生态系统经历了由平台、商家、消费者三主体到平台、商家、消费者、专业服务商、增值服务商五主体的演变过程。胡海波和卢海涛（2018）认为数字化可以促进商业生态系统的演化，进而影响共创的价值由交换价值向平台价值、社会价值演变。由上述文献研究可以看出，当前对商业生态系统的研究主要集中于商业生态系统的结构及运行机制。为此，本章主要从农产品电子商务生态系统结构及农产品电子商务生态系统运行机制两个方面对农产品电子商务生态系统进行分析。

二、农产品电子商务生态系统结构

农产品电子商务的健康运行需要不同类型参与者的协同合作，在这个过程中有不同主体间的交易、联系及价值共创，同时也有与外部环境的能量交换。为此，农产品电子商务也可以视为一个商业生态系统。这个系统包含电子商务平台、农产品生产经营主体（农户、合作社、家庭农场、龙头企业等）、物流企业、消费者、政府等利益相关者，不同参与者将扮演不同的角色，有的参与者处于主导地位，有的则处于从属或配合地位。本书借鉴前述相关学者的研究成果，将农产品电子商务生态系统中的参与者分为以下几类。

（一）领导群体

领导群体即在商业生态系统中发挥关键领导作用的参与者。农产品电子商务生态系统中的领导群体一般为农产品电子商务企业，他们是整个商业生态系统中的核心领导者、综合协调者和资源管理整合者。

（二）核心群体

核心群体是商业生态系统中必不可少的参与者，是实现商业模式功能的基本组成，是资源提供者及最重要的利益相关者。在农产品电子商务生态系统中，核心群体即进行农产品电子商务活动的交易主体，是农产品电子商务生态系统中不可或缺的重要存在，包括农产品供应商、农产品生产者、消费者等。

（三）支持群体

支持群体在商业生态系统中主要起到连接不同参与者的作用，是商业生态系统健康运行的重要保障，对商业生态系统的运行效率有直接影响。在农产品电子商务生态系统中，支持群体即开展农产品电子商务活动所必须依附的机构或团体，该团体并非完全依赖于农产品电子商务，只是从侧面使整个系统运作得更加顺畅并提供相关保障，包括快递物流公司、政府机构、宽带网络服务商、中介组织等。

（四）衍生群体

衍生群体完全依赖于商业生态系统而存在。在农产品电子商务生态系统中，衍生群体即依附于农产品电子商务并对其提供增值服务的商家，该群体衍生于农产品电子商务生态系统，对农产品电子商务的发展起着帮扶促进的作用，但由于其服务的针对性较强，其与农产品电子商务是一荣皆荣、一损俱损的连襟关系，包括第三方农产品电子商务服务机构、专业农产品电子商务培训机构及电子商务法律咨询企业等。

（五）外围群体

外围群体即处于同一领域或区域但与农产品电子商务生态系统

中的平台企业或机构并未存在直接经济利益关系的群体。包括未开展农产品电子商务活动的线下实体销售店铺或企业、农户等。这些组织或个体虽与电子商务生态系统没有直接关系，但随着电子商务的不断发展和规模的扩大，外围群体也有可能进入农产品电子商务生态系统，进而与其他群体产生相互关系。

（六）外部环境

外部环境即农产品电子商务生态系统所处的宏观环境。外部环境在发展初期和变革期对农产品电子商务有着至关重要的作用，包括政策法规、资源种类及数量、人文社会条件等。近年来，我国不断加大对农产品电子商务的政策支持力度，促进了我国农产品电子商务的快速发展。

六种群体相互作用、相互依存、相互发展，又形成了三大系统，即核心供应系统、服务提供系统以及环境支持系统。核心供应系统是整个农产品电子商务生态系统的核心，在领导群体与核心群体的相互作用下而形成，在农产品电子商务生态系统的整个交易模式中处于主导地位。支持群体和衍生群体共同构成了服务提供系统，其主要是为农产品电子商务生态系统中的经营主体提供各种服务，同时增加农产品的附加价值。外围群体和外部环境共同构成了环境支持系统，环境支持系统自身并不能创造直接价值，而是在核心交易系统和服务提供系统的相互作用间产生间接作用，环境支持系统不直接作用于农产品电子商务生态系统，但一旦环境支持系统发生改变，核心供应系统和服务提供系统也必将做出调整，从而维持农产品电子商务生态系统的健康发展。

农产品电子商务生态系统在不同的发展阶段有不同的需求，因而在农产品电子商务生态系统发展的不同阶段，对不同群体的侧重和融合也要因地制宜、因时制宜地有所调整和侧重。本书将以这六种群体作为研究基准，并结合三大系统，构建出一个农产品电子商务生态系统分析框架，如图 5-1 所示。

通过构建农产品电子商务商业生态系统，我们不难发现，在六

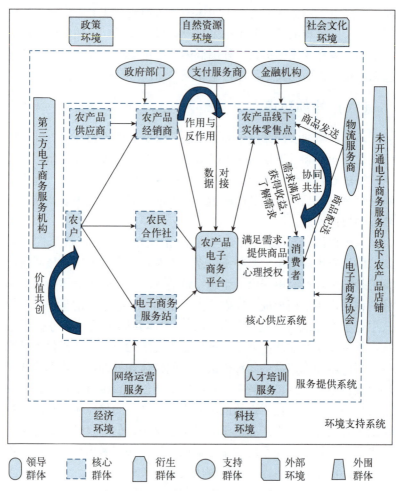

图 5-1 农产品电子商务生态系统结构模型

种群体和三大系统的联合作用下，各环节之间除了产生简单的交叉关系也产生了更深层次的内在机制联系，这种内在机制会引导农产品电子商务生态系统中的各环节有序健康发展。相互融合、相互促进的各群体组成了价值共创、利益共享、共生演化的生态共同体，信息、物质依照外部环境的转变在由各成员组成的价值网中不断流动循环和进化更迭，根据社会发展和需求的转变而调节自身从而迎合趋势的转变，推动商业生态系统的可持续发展。因此，在构建农产品电子商务生态系统的同时，我们更需要探索其潜在机制，对系统内各子系统的融合、发展、促进等有更深刻的认知，以期在复杂的生态系统中寻找农产品电子商务生态系统发展的内在规则和演化趋势，从而总结相关经验，进一步推动农产品电子商务的发展。

三、农产品电子商务生态系统运行机制

农产品电子商务生态系统以互联网作为核心交易平台，促进线上交易和信息共享，实现互动协同和资源整合。在农产品电子商务生态系统中，不同群体间相互依存、共同适应环境变化、共同演进和发展，使电子商务生态系统中的信息流、资金流、商流、物流得以实现，促进各群体间互惠共生和价值共创。本部分采用案例研究法，探索农产品电子商务生态系统的运行机制，选取具有代表性的丽水市和赣州市作为案例进行分析。两个案例从不同角度对农产品电子商务生态系统的运行机制进行了诠释，其运行机制包括以下几方面。

（一）共生机制

共生机制是商业生态系统中的重要机制之一，也是一种重要的组织关系，反映了在复杂的经济系统中各群体相互依存的关系，具体表现为相对独立的种群在庞大的生态系统中通过资源置换与链接产生共生关系，利用全局信息进行协同，从而推动资源配置的优化，实现共同生存、相互促进的现象，而共生单元之间的共生关系会随着时间的变化和社会情况的变化而变化。在农产品电子商务发展初期，由于刚开始进行农产品电子商务交易的农户基础薄弱、交易量小，农户与电子商务平台之间是一种寄生关系。随着电子商务

模式的不断发展与完善，电子商务成为重要的农产品销售渠道。各主体在这个过程中获得了更多的经济利益和社会效益，就会推动农产品电子商务的进一步发展，在这个转化过程中，农户与电子商务平台以及农产品电子商务各主体间的关系开始从寄生关系向偏利共生、非对称互惠共生转化，而当农产品电子商务生态系统进入成熟期后，农产品电子商务各主体之间的关系则处于对称互惠共生的稳定状态。在互惠共生状态下，不同成员的资源优势互补产生知识溢出效应，实现系统内部的价值共创。

案例分析

　　浙江省丽水市以电子商务作为基层服务新平台，把农产品电子商务作为驱动区域经济转型升级和助推山区科学发展的重要力量，推动农产品品牌化发展。按照"生产生态化、运作品牌化、销售电子商务化"的发展思路，依靠将自己的品牌与电子商务产业进行深度融合成功推动丽水市农业经济发展和品牌增值。2013 年丽水市政府成立了丽水市农业投资发展有限公司，为国资运营机构，对农业实行生态化规划、标准化生产、品牌化经营、电商化营销，并于 2014 年 9 月创立了"丽水山耕"公用品牌①。2019 年"丽水山耕"整体销售额达到约 57亿元，平均溢价超过 30%②。2018 年、2019 年和 2020 年，"丽水山耕"连续三年位居"中国区域农业形象品牌"排行榜首位。2020 年上半年，丽水市实现农产品网络销售额 12.84亿元，同比增长 20.8%③。在阿里研究院发布的第一份中国县域电子商务研究报告中，丽水市 9 个县市中的 7 个都进入了全

---

① 丽水山耕 如何用四年时间做到了生态农业金名片［EB/OL］. 新华网，2018 - 08 - 16.

② 如何看待农产品电子商务的发展趋势？［EB/OL］. 腾讯网，2020 - 12 - 11.

③ 电商为山货插上翅膀 丽水农产品线上销售额增 20.8%［EB/OL］. 腾讯网，2020 - 08 - 31.

国农村电商百强①。丽水市构建了运行良好的农产品电子商务生态系统，不同类型主体优势互补，实现了互惠共生。在这个系统中，政府通过政策供给和平台搭建引导农产品电子商务产业发展，带动区域经济增长。农户在"丽水山耕"整体区域品牌效应的拉动下拓宽了优质农产品的销售渠道，增加了收入，良好产业生态带动了就业、激活了创新创业活力。截至 2019 年 8 月，丽水市农村电子商务网店数（包括企业）达到了 6 988 家，领域内从业青年达 20 236 人②。快速发展的电子商务产业促进了衍生行业的发展，围绕农产品电子商务的物流、营销等专业化服务也快速发展起来，进一步促进了区域经济发展。

（二）协同机制

农产品电子商务的发展需要在电子商务生态系统内部构建不同主体间的协同合作机制。

（1）明确定义不同主体的角色，开发和维护一个不同利益相关者共享的价值观。农产品电子商务的发展一方面要满足消费需求升级的趋势，另一方面也是促进农业产业升级和农民增收的新动能。在此基础上，应明确领导群体、支持群体、衍生群体、外围群体的角色和责任。

（2）需要设计和实施一种参与架构，定义系统中的相关交易规则及协议，以协调农产品电子商务生态系统内部的不同主体进行分工协作及资源整合，以实现价值共创。

（3）设计创建资源整合的支持环境，促进农产品电子商务生态系统中不同主体间的互动和资源共享，加强电子商务生态系统中的信息透明度。

本部分仍以丽水市为例阐释农产品电子商务生态系统运行过程

---

① 佚名，2016.2015 年中国县域电子商务研究报告 [R]. 杭州：阿里研究院.

② 互联网引路农村电商 丽水生态好产品走向全国市场 [EB/OL]. 搜狐，2019 - 08 - 13.

中的协同机制。

案例分析

在丽水市农产品电子商务发展过程中，不同类型利益相关者责任明确、协同合作，共同促进农产品电子商务高质量发展。政府在丽水市农产品电子商务发展中特别是发展初期起到了关键推动作用，政府主导实施了百兆宽带进村工程，解决了农村网络问题，打牢了农村电子商务发展基础。2012年丽水市在全国率先建立了农村电子商务建设工作领导小组；2013年7月，丽水市建立了全国首家地市级农村电子商务公共服务中心并投入运营；2016年3月，丽水市成为浙江省首个地市级农村电子商务试点示范区；2016年5月，丽水市建立了农村电子商务学院，培养农村电子商务人才[①]。2020年1—8月，丽水市累计开展各类农村电子商务创业培训班125期，培训学员6 358人次[②]。2015年9月，丽水市成立了丽水市电子商务促进会，专门下设农村电子商务分会[③]。由丽水市生态农业协会注册，由丽水市农业投资发展有限公司运营的区域公用品牌"丽水山耕"成为驱动农产品电子商务发展的重要引擎。围绕"丽水山耕"公用品牌，丽水市整合优质农业资源，形成了母品牌与子品牌、政府与市场、农产品生产者与服务商的协同合力。通过母品牌带子品牌的方式，降低了农产品生产经营者进入市场的成本，促进了子品牌农产品溢价，带动了农业农村发展和农民增收[④]。截至2019年10月，"丽水山耕"品牌的

---

① 丽水学院牵头成立丽水农村电子商务学院［EB/OL］. 丽水学院，2016 - 07 - 05.

② 电商为山货插上翅膀 丽水农产品线上销售额增20.8%［EB/OL］. 腾讯网，2020 - 08 - 31.

③ 丽水市电子商务促进会成立［EB/OL］. 光明网，2015 - 09 - 13.

④ 互联网＋"优秀案例："互联网＋"品牌"丽水山耕"区域公用品牌推进农业供给侧结构性改革—浙江丽水市农业投资发展有限公司［EB/OL］. 中华人民共和国农业农村部网站，2016 - 09 - 05.

合作主体达到 852 家，合作基地达到 1 122 个，"丽水山耕"母品牌下的子品牌运作商标达到 580 个①。

（三）价值共创机制

价值共创是商业生态系统的重要特征（崔淼等，2017）。价值共创是指组织打破封闭的运作，开放组织边界，形成成员之间不同层次的互动，通过与不同利益相关者形成共生关系为客户提供有价值的产品或服务（胡海波等，2018）。农产品电子商务的运行需要整合农产品生产经营者、企业、客户、互联网平台、社会专业化服务机构、政府等不同方面的资源，从而形成一个价值创造的网络。在这个价值网络中，不同的主体间进行能量与资源的互动与交换，共同创造价值。在农产品电子商务生态系统中，电商企业为消费者提供全天候的线上交易平台；农产品生产经营者为消费者提供优质农产品；物流企业为消费者提供"门到门"的配送服务；各支持群体为农产品生产经营者、电子商务平台、商家搭建桥梁，确保交易的顺畅高效进行；政府为农产品电子商务的发展提供良好的基础设施条件等外部环境。在这个过程中，农产品生产经营主体获得了更庞大的消费者群体、增加了经济收益；消费者从农产品电子商务中享受到了足不出户、送货上门的便利，以及更大范围的农产品品类选择，提升了消费体验水平；电子商务平台在获得经济收益的同时拓展了经营范围、提升了客户黏性；政府也将在促进区域经济增长、促进农村产业发展、拉动就业和创业等方面受益。价值共创的主要方式是互动和服务，在价值共创过程中，各利益相关主体是农产品电子商务生态系统的资源提供者和消费者，通过彼此的需求置换、资源流动、学习促进等双向互动过程完成资源互补和整合，进而实现价值共创，如图 5-2 所示。

---

① 如何看待农产品电子商务的发展趋势？［EB/OL］. 腾讯网，2020-12-11.

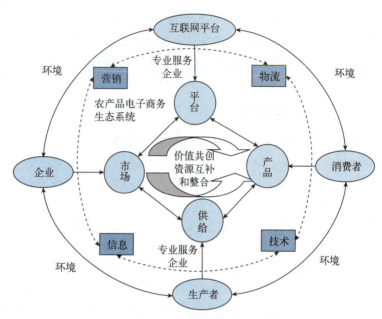

图 5-2 农产品电子商务生态系统价值共创机制

案例分析

在赣南脐橙的电子商务发展中，政府部门、电商企业、农户、行业协会等主体共生依赖、协同合作，共同促成了良好产业生态的形成，实现了各方互利共赢和价值共创。2018年，赣南脐橙的电子商务交易额达到50.89亿元，电子商务渠道销售额占总销售额的比重达42.4%。为克服赣南脐橙早期的卖难问题，赣州开始发展农产品电子商务，借网发力搭建线上营销和销售平台。2013年，赣州将一年一度的"脐橙节"搬到线上，全力打造赣南脐橙线上品牌[1]。同时，赣州积极组织本

① 钟金平. 赣南脐橙网销量跻身全国五强 探究红火背后的原因 [EB/OL]. 搜狐，2019-03-20.

地脐橙供应商与电子商务平台经销商合作，据不完全统计，在2016年全国线上销售赣南脐橙的商家就超过 4 000 家①。为提升赣南脐橙的线上知名度、拓宽线上销售渠道，赣州与阿里巴巴、苏宁云商、京东、顺丰在销售、物流、人才培训、公共服务体系建设方面进行深度合作，全力打造集生产、销售、物流、营销、服务于一体的电子商务全产业链体系。

对于农产品电子商务发展来说，打造良好的产业生态十分重要。为此，应促进政府、企业、农产品生产经营者、消费者等利益相关主体间的互动，构建互惠共生、协同合作、价值共创的农产品电子商务生态系统，促进农产品电子商务长期健康发展。

---

① 赣州运用电子商务新模式营销赣南脐橙［EB/OL］. 惠农网，2016 - 07 - 22.

第六章

农户采纳农产品电子商务的影响因素

农户是农产品电子商务供应链中的重要主体，农户能否深度参与到农村电子商务之中直接决定着其发展前景，农户对农产品电子商务的认知程度及采纳行为直接影响农产品电子商务的发展。对于农户来说，有效参与农产品电子商务是实现增收的新途径。但是农户参与农产品电子商务会受到诸多因素的影响，这些因素直接影响农户是否有意愿参与农产品电子商务以及参与农产品电子商务后取得的实效，深入分析这些因素可以提升政府政策供给的精准性。本章将在深度访谈的基础上应用扎根理论方法探索农户采纳农产品电子商务的影响因素。

一、研究方法

本部分研究采用质性研究方法，具体的质性研究指导理论是来自于扎根理论。扎根理论最初的目的是帮助发展社会学理论，特别适合对微观的、以行动为导向的社会互动过程的研究（Strauss et al.，1997）。扎根理论之所以能够不断延伸到其他学科领域，关键在于很多社会科学领域的研究对象具有过程性和互动性等特点。管理学是以各类组织和各种管理活动为研究对象，研究的是组织内人与人之间，人与组织以及组织与组织的互动过程，因此，管理学研究非常适合采用扎根理论研究法。扎根理论强调从田野观察获得原始资料，在原始资料中寻找所要研究问题的核心概念，然后通过不断地对比和编码，通过概念之间的内在联系构建出研究的理论框架。扎根理论从本质上看是一种从资料中产生理论的思想，自下而上地不断对资料进行归纳和浓缩，形成理论。扎根理论研究遵循以下流程，如图6-1所示。

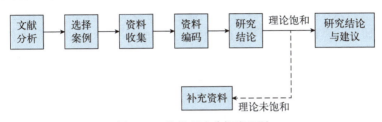

图6-1　扎根理论分析流程图

[资料来源：Pandit，1996. The creation of theory；a recent application of the grounded theory method［J］. The qualitative report，2（4）.］

注：资料编码过程包括开放式编码、关联式编码和选择式编码。

（一）研究的信度和效度

许多定性研究者都指出，定量信效度的概念不同于定性的信效度概念（Kirk et al.，1986）。Lincoln和Guba（1984）认为信度是可重复性；效度则是指可靠性、稳定性、一致性、可预测性和正确性。本研究结合研究可行性和方便性，主要采用以下方法收集资料以保证结论的信度和效度：①确保资料来源的真实性，所有文字资料均来自于作者或课题组成员的实地调研；②访谈资料尽量做到无损转化，全部使用"本土"词语对意义单元进行编码；③多人进行编码，编码主要研究者是作者本人，在编码完成一段后，则请另一位管理学研究生对编码结果进行检验，这样就可以避免自己编码的主观性。

（二）研究过程

1. 抽样

斯特劳斯和考宾（Strauss et al.，1990）在《质性研究概要》

一书中，分别介绍了 3 种不同的理论性抽样即开放性抽样、关系性和差异性抽样以及区别性抽样。在扎根分析的过程中，应坚持理论抽样的思想，即不断地检验理论，由已经初步形成的理论去指导研究者下一步的资料收集，逐步去除理论上薄弱的、不相关的资料，重点关注理论上丰富的、对建构理论有直接关系的资料。

那么在深度访谈的过程中，需要进行多少次访谈才能构建起所要研究的理论呢？这取决于研究者建构理论时面对的内外部条件。内部的条件通常是：理论已经达到了概念上的饱和，理论中的各个部分之间已经建立了相关、合理的联系。外部的条件主要包括：研究者所拥有的时间、财力，研究者个人的兴趣和知识范围等。理论饱和的状态即对于所要研究的概念、类属和构建理论而言，能够从访谈中获取的信息已经开始重复，不再有新的、重要的信息出现。

2. 深度访谈

深度访谈是扎根理论研究中非常重要的数据收集方法。从农产品电子商务发展角度看，本书将农户视作一个广义的群体来分析，既包括个体农户也包括农民合作社。为此，本研究将访谈对象设定为个体农户和农民合作社负责人。作者利用为农户（包括农民合作社负责人或骨干成员）多次进行培训授课的机会，抽样选取了部分学员进行有关农产品电子商务方面的深度访谈，访谈形式为一对一访谈或者是一对多访谈。在深度访谈过程，作者根据受访者的身份进行了有针对性的提问。作者围绕焦点事件/实践，从事件/实践产生的外部环境背景、行为主体、发展脉络、里程碑以及最终结果等视角出发设计访谈问题，设计出的访谈问题见表 6-1。

表 6-1　访谈问题提纲

访谈主题	访谈内容提纲
基础信息	性别、年龄、文化程度、是否已经开展或开展过农产品电子商务活动

（续）

访谈主题	访谈内容提纲
农户开展农产品电子商务的影响因素	（1）在农产品电子商务采纳实施过程中面临的主要问题或困难是什么？
	（2）对电子商务的认知在采纳实施中有哪些影响因素？主要原因是什么？
	（3）基础设施与技术方面有哪些影响因素？主要原因是什么？
	（4）从业人员自身方面有哪些影响因素？主要原因是什么？
	（5）经济方面有哪些影响因素？主要原因是什么？
	（6）从政策层面来说，政府政策对农产品电子商务存在哪些影响因素？
	（7）政府需要在哪些方面提供支持？
	（8）隐私和安全方面有哪些影响因素？
	（9）产品生产、加工、仓储和营销等方面有哪些影响因素？主要原因是什么？
	（10）要想让农产品电子商务模式被更多人接受，您觉得最重要的因素有什么？
	（11）目前您这里采用电子商务模式进行经营的农户比例大概有多少？
	（12）什么样的情况下您会选择采用电子商务模式？
	（13）您愿意承担农产品线上销售的风险吗？
	（14）您对目前的农产品电子商务销售了解有多少？

二、数据来源

（一）样本抽选

本研究采用设计非结构化问卷对受访者进行深度访谈，通过理论抽样的方法，按照访谈需求抽取具体的访谈对象。考虑到本次研究着重于了解农户采纳农产品电子商务的影响因素，所以我们选择的受访对象大多是农户或农民专业合作社骨干成员，从而确保数据的真实性及可靠性。以理论饱和原则作为样本数最后确认的依据，即抽取样本直至新抽取的样本不再提供新的重要信息为止。最终共选择了 26 个受访对象，受访者的基本资料如表 6-2 所示。

表 6-2　受访者基本资料

基本信息	选项	人数	占比（%）
性别	男	18	69.23
	女	8	30.77
年龄	25 岁及以下	3	11.54
	26～30 岁	4	15.38
	31～40 岁	6	23.08
	40 岁以上	13	50.00
学历	大专及以下	17	65.38
	本科	7	26.93
	研究生	2	7.69
职业	农民	23	88.46
	相关专业人士	3	11.54
是否开展过（已开展）农产品电子商务活动	是	2	7.69
	否	24	92.31

（二）数据编码

采用扎根理论进行分析时，对访谈中获取的文字资料进行开放式编码、主轴编码以及选择性编码来分析天津市农户开展农产品电子商务的影响因素。在资料分析前，作者首先对深度访谈中取得的资料进行了筛选和整理。检查所记录的访谈内容与研究主题的关联性，如果偏离研究范畴，则剔除该部分内容。通过归纳原始资料语句初步形成第一阶段的初始范畴，然后在对资料的二次比较归纳中进行比对和汇总，再进行下一阶段的编码工作，最终构建出天津市农户开展农产品电子商务的影响因素模型，另外，由于集体访谈获取的资料相较于深度访谈而言更为深刻，因此本次编码过程中为保障数据深度，将资料比例划分为 7：3，两次集体访谈和 16 人面对面访谈资料占总数据的 70%，10 人面对面访谈资料用于理论饱和度检验，占总数据的 30%。

1. 开放式编码

所谓开放式编码是指对数据进行逐行编码，将其逐层概念化和抽象化，通过不断比较把数据及抽象出的概念打破并重新整合的过程。开放式编码作为扎根理论数据分析的第一个步骤，是一个将资料打散提取再重新进行组合从而获得初始概念和范畴的过程，其作用是将原始访谈资料所有的句子进行提炼，将可以编码的片段或句子进行提取并打上标签进而实现资料的概念化。开放式编码的目的是从资料中发现概念类属，并确定其属性和维度。编码时，我们通过对原始资料的访谈进行逐字逐句的整理和分析来进行初始概念化，最终一共整理出有效原始语句 500 余条，并整理出对应的初始概念。在研究编码过程中，作者对原始的资料进行初始概念化。为了避免作者的偏见，在编码时尽量使用了被访者的原话，并从中挖掘初始概念。由于第一次整理出的初始概念层次相对较低，数量多且存在概念的重复交叉，所以在此基础上我们进行了进一步的精炼，将交叉概念进行二次整合，最终得到范畴化的概念。在进行范畴化的过程中，将出现频次低于 3 次的初始概念进行剔除，保留了出现频次在 3 次或 3 次以上的概念。共整理得到了 19 个范畴，由于原始资料语句较多，每个范畴仅选取了相对具有代表性的 3 条原始语句及初始概念，如表 6-3 所示。

表 6-3　开放式编码

范畴	原始资料语句
农民操作能力	我们都不懂啊，都不知道该怎么弄（个人操作能力）
	农民对于农产品电子商务的意识还比较薄弱，还维持着传统的蹲马路销售模式（个人能力与个人意识）
	网店注册之后后台的操作问题我们都不明白啊（实践能力）

（续）

范畴	原始资料语句
农民意识问题	平时淘宝买东西也想不到买农产品，我本身都不在网上买农产品，怎么可能会想到去开网店（农户意识不足）
	接触不到相关的知识领域，很难推动农民去了解（对农产品电子商务缺乏认知）
	我们都是老老实实种了一辈子地的农民，不像你们年轻人总喜欢琢磨新鲜事物（缺乏创新意识）
专业人才问题	也没有人给我们讲过还能通过电子商务卖农产品（专业人才缺乏）
	如果想要农民学会电子商务销售农产品就需要这样的专业人才，你不一定要长期呆在农村，但是可以定期去讲授一些操作知识，有问题的可以及时咨询（人才咨询）
	我们都是非常"农"的农民，一辈子只知道种地的老农民，没有人知道可以通过电子商务销售农产品的（专业知识缺乏）
驻村帮扶问题	政府或机构单位可以不定期派遣特派员来调查农村情况，教授农民有关电子商务的知识（特派员帮扶）
	也有很多帮扶的人来，但是很多人都不懂电子商务的专业技术和知识，帮扶力度还是差很多（专业帮扶）
	农产品电子商务卖产品讲究的也是一个信任问题，我们有信誉，消费者就愿意买，但是突然开个店，没有人给你做担保，也不知道你的产品好不好，是不是买的人就少？要是有信得过的人、单位做桥梁，我们信心更强，消费者也更信任我们的产品。可以依托政府、企事业单位、高校等建立电子商务帮扶小程序、帮扶群，解决农民的农产品销售问题（联合帮扶）
自主创业问题	农村现在大部分还是散户居多，很少有合作起来一起干的（缺乏创业意识）
	电子商务对产品的各方面要求都比较高，如果只是单独的散户很难持续提供优良的产品（联合创业）
	需要有带头人将大家联合起来，在其带领下组织大家共同进行农产品电子商务（带头人组织创业）

（续）

范畴	原始资料语句
平台操作问题	刚开始经营农产品电子商务销售的时候，后台很多规则和操作都比较繁琐，直接上手存在一定的难度（后台操作不熟练）
	很多人对电子商务还不太了解，没有系统详细的操作示范作为指导（平台操作细则）
	针对农产品电子商务平台可以设计相对操作简单易上手的后台程序，增加线上操作指引功能（简化后台操作）
平台支持力度	开展农产品电子商务的各项费用是不是可以给予一定的优惠支持（费用优惠）
	店铺开始经营之后平台是不是可以给予相应的引流支持和宣传支持（引流宣传支持）
	设立平台支持机构，推广发展农产品电子商务，类似于淘宝村一样的（设立推广机构）
平台安全问题	平台是否拥有安全完善的交易支付保障体系，保护买卖双方的交易安全（交易安全）
	我们的个人信息在电子商务平台是不是可以得到安全保障（隐私安全）
	平台是否具有足够的权威性，保障我们在平台销售农产品的安全性（权威安全问题）
物流成本问题	农产品重量一般都比较重，如果是寄到较远的地区，快递费用就十分昂贵了，再除去各种费用，利润几乎就没有了（物流成本过高）
	对于农产品类的快递可以在价格上给予一定的优惠从而鼓励农产品电子商务的发展（快递费用优惠）
	如果以个体形式开展农产品物流，在电子商务创业初期没有过多订单的时候，物流成本过于高昂，会使农户利润大大削减，这样很多农户就会放弃选择电子商务模式进行销售了（快递费用高昂）

（续）

范畴	原始资料语句
政府扶持与引导	政府可以发挥积极的推动作用，扶持农产品电子商务的发展（政府政策推动）
	根据目前天津的实际情况来看，目前天津市农村散户居多，多数又是传统的老农民，只有政府带头，才可以将散户团结起来开展农产品电子商务活动（政府带头作用）
	我们相信政府，愿意跟着政府的方向走（政策政策引导）
政策落实	建立相应的监督机制，只有监督到位，政策才能够落实到位（上行下施）
	部分农村地区对于农产品电子商务的相关支持政策了解并不到位，甚至部分农民并不知晓（地区政策落实差异）
	农户缺少获取政策信息的途径，对农产品电子商务政策的理解存在不足之处（政府信息流通）
完善信贷支持	网店开到后期会有非常多的项目支出，需要完善的信贷体系作为其后期发展壮大的保证（增加农民信心）
	农村的农民在资金借款方面大多还保持亲缘借款模式，而出于风险及信任因素，这样的借款模式稳定性并不强（传统借款存在弊端）
	有了完善的信贷保障，相关行业的企事业单位会更乐意进行相关项目的开展（增加企业动力）
组织专业培训	可以组织高校或单位、第三方机构进行专业的电子商务知识技能培训（校企农联合培训）
	及时更新最新的知识技术，让农户真正掌握相应的技术，只有懂操作才能推动更多的农民尝试农产品电子商务（培训专业技术）
	适当开展有关农产品电子商务的课程，让大家对农产品电子商务有更深刻的了解，消除顾虑（培训电子商务意识）

（续）

范畴	原始资料语句
营销	我们平时还要忙农活，平时也没有足够的时间去看管网上店铺（节省农民时间）
	可以有专业的机构、单位代理农户进行店铺的经营管理，这样在农忙时可以兼顾农活和电子商务店铺的经营（推动第三方服务的发展）
	专业的代理运营可以帮助农民在农忙时节也可以兼顾电子商务经营（保证电子商务经营连续性）
网店经营	电子商务网店的图片展示对于农民销售农产品是非常重要的（增强购买欲望）
	电子商务销售不同于实体店销售，消费者在实体店可以直观的感受产品的质量，但是在网店，产品图片则是消费者了解商品品质的最直观途径（增加顾客信任度）
	专业的 PS 软件及图片制作软件对于农民而言存在相当大的操作难度，另外店铺页面的美化也是增加顾客信任度的重要条件之一（专业修图软件使用难度较大）
网络	虽然现在网络已经普及，但对于部分农村地区，电脑宽带网络技术还存在不足（电脑宽带覆盖不足）
	宽带网络建设还有待完善，很多农村地区网速还比较迟缓（网速迟缓）
	我们好多农民手机都玩不好，电脑就更不懂了（网络知识缺乏）
农企合作	目前我们还是家家户户各种各的，散户比较多，缺少带头的合作人将大家团结起来（企业带头作用）
	电子商务销售要求四季产品都能有连续供应的特点，所以如果只是单个农户或几个农户联合是很难实现的（产品供应的连续性）
	企业的支持会增强农户进行农产品电子商务的信心，对于想要开展农产品电子商务但是缺乏经验和实力的农户是非常好的机会，有了单位企业作为支撑，农户更愿意参与到农产品电子商务的经营中来（规避风险）

（续）

范畴	原始资料语句
模范试点	农产品电子商务对于农民而言还是陌生的，需要让农民看到有人实实在在地获得受益他们才会想去尝试（以点带面）
	每个地区的环境和情况都是不同的，突然大面积地进行新模式的推广存在一定的盲目性，可以建立模范试点，探索出适合天津市发展的道路再进行大面积的推广（探索发展）
	大部分农民的思想还是比较传统的，农民忙了一年在意的就是收益问题，只有让农民切实看到农产品电子商务可以带来更便捷的收益模式才可以逐步引导他们进行电子商务活动（引导经营）
成本支出	我们每天纯的经营收入并不高，如果要开展农产品电子商务经营，各方面都要投入资金，作为我们自家来说也是很大的一笔经济投入（经营成本）
	专业电子商务旗舰店加盟费用的优惠可以吸引更多有实力的农业组织（农户）和好产品的加入（平台成本）
	资金的良性循环可以避免农产品电子商务因资金流转不畅而导致的经营不善问题（资本循环）

2. 主轴编码

开放式编码主要是在已有的相关材料中发掘范畴，主轴编码则是在开放式编码得到的概念化范畴相互之间尚未建立联系的基础上，对其结果和数据资料进行再分析与梳理，找出范畴之间在概念化层面的内在关联，使范畴更严密。在对不同范畴之间的逻辑次序和相互关系进行重新归类后，总计归纳出 5 个主范畴，各主范畴对应的独立范畴、范畴逻辑及范畴数目如表 6-4 所示。

表 6-4　主轴编码

主范畴	独立范畴	范畴逻辑	范畴数
主体认知与行为	自身意识问题	农民对于农产品电子商务的认知程度会影响农民是否会采用农产品电子商务模式	3
	自主创业	缺少对新事物的发掘和创新会局限农民选择农产品电子商务这一新事物	
	个人实践能力	农民自身对农产品电子商务的实际操作会增加农民进行农产品电子商务的难度	
专业化服务因素	第三方电子商务服务	第三方服务的发展可以很大程度上解决农户在经营初期遇到的诸多问题，实操性问题的解决也会从很大的程度上促进农户选择农产品电子商务进行销售（包括美工、营销、代运营等）	3
	专业培训	通过开设专业课程培训农民对于农产品电子商务的认知和实际操作能力	
	物流服务	针对农产品类目的快递费用给予一定优惠从而减轻农产品电子商务在初期经营时的压力	
政府引导与支持	政策引导	通过政策转变引导农民的经营方向，实时掌握农产品电子商务经营方向的最新动态	3
	人才支持	制定专项人才计划，鼓励和吸引各类专业人才参与推动农产品电子商务的发展	
	政策执行	农产品电子商务的发展需要正确落实各项政策条例，保证政策的上行下施	
基础设施建设	网络基础设施	全方位覆盖网络宽带等设施设备是开展农产品电子商务的基础	3
	交通基础设施	完善道路交通，推进道路设施的修缮会促进农产品的高效流通	
	物流基础设施	建立直通村镇的快递接收站点，便于农产品的收发，闭塞的快递环境会影响农产品电子商务的发展	

（续）

主范畴	独立范畴	范畴逻辑	范畴数
电子商务平台策略	支付与隐私安全	买卖双方的财务和个人信息安全是农产品电子商务长久发展的保障	4
	引流支持	对于农产品给予一定的引流支持和推广，可以增强农民从事农产品电子商务的信心	
	后台操作	简化后的操作流程可以让经营主体尽早掌握基本的后台操作，从操作层面减轻农民的压力	
	项目优惠	通过降低准入费用吸引有能力开展农产品电子商务的农户入驻	

3. 选择性编码

扎根理论的理论构建主要是通过选择式编码来完成的。选择式编码指的是在已经发现的概念类属中经过系统分析，选择一个"核心类属"，并将分析集中到那些与该核心类属有关的编码上面。选择性编码是对主轴编码的范畴进行再分析的过程，即进一步对范畴与范畴之间的关系进行系统的处理，挖掘出主轴编码范畴中的核心范畴，并建立其与其他范畴之间的内在关联。本书围绕"农户开展农产品电子商务的影响因素"这一核心范畴，将与核心范畴相联系的其他范畴选定为农户自身认知与行为、第三方专业化服务、基础设施条件、电商平台策略、政府扶持与引导 5 个方面，选择性编码过程如表 6-5 所示。

表 6-5 选择性编码

典型关系	关系结构	结构内涵	受访者的代表性语句
主体认知与行为→采纳	核心关系	农户对于农产品电子商务的认知和农户个人实力的强弱是农户是否选择农产品电子商务模式进行经营的基础支持	我们对农产品电子商务缺乏基础的认识，甚至都不知道什么是农产品电子商务，所以我们想不到用这样的方式，只有我们知道了而且知道这个是个好方法能帮助我们增收我们才会去采纳它

（续）

典型关系	关系结构	结构内涵	受访者的代表性语句
专业化服务 ↙ ↘ 主体 采纳 ↓ 采纳	驱动关系	专业化服务可以为农户开展农产品电子商务运营提供专业的解决方案	虽然也开展过帮扶咨询活动，也有过培训课程，可是大多都是理论层面的，实际操作并不多，而且开展的课程时间短，知识讲得快，我们接受起来也存在困难
	中介关系	专业培训可以通过开展电子商务课程增强农户对农产品电子商务的认知程度，间接推动农户采用电子商务模式	
基础设施建设→采纳	基础支撑	基础设施建设是进行农产品电子商务的外部基础保障，其对农产品电子商务的采纳有推动作用	我们这边位置比较偏，网络不稳定，网速也慢，而且平时快递车都进不来，拿快递还要走很远，目前村里也没有设置驿站，要是用农产品电子商务经营，物流是必须要解决的
电商平台策略→采纳	促进关系	电商平台对于农产品电子商务的支持力度会吸引有想法的农户尝试农产品电子商务经营，其对买卖双方的隐私保护、支付安全保护等方面及推动农产品电子商务发展有重要作用	我们之前有做过电商平台，但是后台的操作就比较麻烦，而且最开始给的展示栏非常的少，刚开始开店也没有多少人来看，收入不高，后期慢慢才有一些发展，但是经营平台也要花费一些时间，后期想做大有些心有余而力不足

（续）

典型关系	关系结构	结构内涵	受访者的代表性语句
政府扶持与引导 ↓↘ 专业服务 采纳 ↓ 采纳	导向关系	政府政策的扶持和引导以及相关政策的转变都会影响农产品电子商务在本地的发展趋势，对农产品电子商务发展起到了重要的导向性作用	咱们老百姓就是要跟着政府走，政府的政策是咱们最大的保障
	调节关系	政府政策的转变也会引起电商服务组织工作重心的转变，进而调节其对待农产品电子商务的态度，加大在农村地区的电子商务投入力度，从而促进农户采纳农产品电子商务	

4. 理论饱和度检验

理论饱和是指新收集到的数据资料可以被已有范畴概括，而不再产生新的范畴，在达到理论饱和后可以停止数据收集（王璐等，2010）。作者对两次集体访谈内容和 16 人深度访谈内容进行编码，并将剩余 10 人的访谈样本进行理论饱和度检验后，发现并未再次出现新的概念及范畴，所以，已经满足了所选样本不再提供新内容的理论饱和原则，由此可以判断本次扎根理论分析构建的模型已达到理论饱和状态。

三、结果分析

根据扎根理论研究范式，从开放式编码到选择性编码这一过程中，我们可以发现农户是否开展农产品电子商务会受到农户自身、电商企业、第三方服务、政府及基础设施条件的影响，为此本书构建了农户采纳农产品电子商务影响因素的理论模型，如图 6-2 所示。

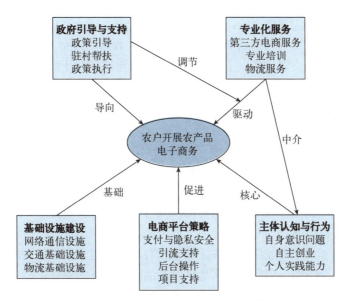

图 6-2　农户开展电子商务影响因素模型

(一) 主体认知与行为

　　主体认知与行为是影响农产品电子商务采纳的核心因素。农户对于农产品电子商务的认知程度是他们是否考虑会进行农产品电子商务行为的根本因素。受信息及文化程度等因素的影响，有的农户对于农产品电子商务知之甚少，以至于农户在潜意识里不会考虑采用农产品电子商务模式。同时大部分年轻人由于农业的特殊性，他们更愿意去打工兼业，拥有较高学历的相关专业人才又不愿留在农村，缺少新思维新活力的注入也使得大量农村地区依旧采用传统的生产方式和经营方式，他们更倾向于看得见摸得着的交易方法，并未在意识层面发现信息化和互联网对于现代农业发展的重要性，还不能客观地看待和认识农产品电子商务这一新兴事物。因此提高农民对农产品电子商务的认知是让他们顺利接纳这一新型经营模式的第一步。为此，一方面，应制定相应的优惠政策，鼓励专业人士和大学生回到农村发展，在农产品电子商务领域实施创业创新实践。

另一方面，应加强对农产品电子商务的宣传力度，使农民认识到电子商务可以带来新的机遇和商机，是增加收入的重要手段；同时，组织开展有关农产品电子商务的培训，因地制宜设计培训内容，提高农民的市场意识和农产品电子商务经营技能。

（二）专业化服务

专业化社会服务是驱动农户开展农产品电子商务的重要因素。专业化服务所提供的帮助和支持会增强农户开展农产品电子商务的信心，第三方服务的加盟可以在农户从业初期给予其很大的帮助。同时，专业化服务对改变农户的认知与行为也有积极作用，专业的培训可以强化农户对农产品电子商务的认知进而促进其开展农产品电子商务，即专业化服务在主体认知与农产品电子商务开展之间还具有中介作用。当前，很多地区农产品电子商务的专业化服务还相对滞后，相关领域也缺乏专业知识过硬和经验丰富的人才。但是由于城乡差别及农业农村工作的特殊性，很多专业人才对于去农村工作的热情并不高，使得既掌握信息技术又了解农业生产的复合型人才比较缺乏。为此，应加强农产品电子商务发展的专业化服务体系建设，打造公共服务平台和服务机构网络，为农户参与农产品电子商务提供战略咨询、运营服务、市场营销服务、培训服务等，促进农产品电子商务在农村的推广和发展。

（三）基础设施建设

基础设施条件是农户开展农产品电子商务及进行后续经营的基础和必要条件。农产品电子商务需要信息及通信技术、互联网及新兴数字技术、交通和物流基础设施等的支持，这些基础条件不仅要具有可获性，还要同时具有合适质量及可负担性。互联网和移动通信等基础设施不完善或使用成本过高会阻碍电子商务在农村的发展。同时，由于农产品的易腐性使得其对物流过程的要求极高，物流是农产品电子商务有效开展的关键。近年来，我国不断加快互联网基础设施建设，农村地区的互联网普及率稳步提升，正在逐步实现城乡同网同速的目标。截至 2020 年 6 月，我国农村互联网普及率为 52.3%，仍有较大改进空间，特别是部分偏远地区的互联网基础设施短板还有待补齐，这会在一定程度上制约农产品电子商务的发展。此外，农村电子商务物流中的"最后一公里"和"最先一公里"问题依然突出，电子商务的末端配送问题仍有待解决，物流问题成为"农产品进城""工业品下乡"的最大阻碍。在针对已开展过农产品电子商务活动的农户进行访谈时，快递物流问题是被提及次数最多的一项。因部分村庄尚未建立快递服务站点，收发快递都要去镇上的快递存放中心，物流过程的末端中断极大制约了农产品电子商务的发展。为此，应继续加强农产品电子商务发展的基础设施保障，不断完善互联网和电信基础设施、交通基础设施，通过与第三方物流企业的合作完善农村物流配送网络，采用先进的技术和信息系统来提升物流效率。

（四）电商平台策略

对于大部分农产品电子商务来说，登陆电商平台销售是农户参与农产品电子商务的主要方式。但是传统农业生产者受制于生产规模、产品标准化等问题，较难实现与大型电商平台的对接或满足网络买家的大众需求。在经营初期，部分农户由于缺少互联网运营技能及网络营销经验，在产品推广中也会遇到难题。为此，电商平台的支持对于农户采纳农产品电子商务具有很大促进作用。一方面，电商平台可以加强对农产品品类的引流支持力度，特别是加强对初创期经营的扶持；开展对农户开展农产品电子商务经营及后台操作的相关培训；建立健全信息安全保障机制，保护买卖双方的隐私安全。另一方面，对农户参与农产品电子商务给予一定的项目优惠，配合政府部门在信息、生产、物流和销售等方面对农户进行指导，降低其参与农产品电子商务的成本，激发其参与积极性。

（五）政府的扶持与引导

政府的扶持与引导政策会对农产品电子商务的发展起到导向作

用。在基础设施和经济条件相对落后的农村地区，扶持与引导政策的供给不足可能会使某一地区具有较大潜力的农产品电子商务产业始终处于待开发状态。同时，政府对农产品电子商务的扶持与引导也会促进为电子商务提供专业化服务的相关配套产业的发展，为此，政府的扶持与引导在专业化服务与农产品电子商务发展之间还存在调节关系。近年来，我国出台了一系列政策支持农产品电子商务发展，极大地促进了电子商务在农村的推广，使得农产品电子商务在促进农村产业发展、农民增收、精准扶贫中发挥了重要作用。但是，通过对农户的深度访谈，我们发现尽管政府出台了很多支持政策，但部分受访农户对政府颁布的支持农产品电子商务发展的相关政策并不了解，政策信息并未实现有效传递；农民主动搜集政策信息的积极性也不高。Scupola（2006）提出政府对电子商务发展的支持应重点关注财政支持、知识供给、推进电子商务试点工程等。为此，一方面，政府应加强对农产品电子商务发展的直接支持，如针对农产品电子商务的技能培训、项目支持、财政补贴、人才支持等；另一方面，政府应营造有利于农产品电子商务发展的市场环境，调动各方面的积极性、激活生产要素活力，吸引更多的社会资源参与到农产品电子商务活动中来。

第七章

农产品电子商务创新

随着经济社会的发展，中国消费者的购买行为正在发生着深刻的变化。电子商务已经成为消费者购买农产品的重要渠道，这既来自于消费需求的拉力，也来自于互联网、移动互联网、现代物流技术发展的推力。在互联网经济下，消费需求升级将成为农产品电子商务不断创新发展的根本动力，消费者对农产品需求的个性化、移动化、社交化等变化趋势直接影响着农产品电子商务的发展。在需求驱动下，农产品电子商务的发展由线上交易转向线上线下融合，由围绕产品的营销转向围绕社交的营销，由提供产品转向提供服务，以提高客户的体验水平。为此，本章将对近年来农产品电子商务发展的新模式进行分析，重点介绍新零售、社交电商及电商服务化。

一、农产品新零售

尽管近年来农产品电子商务取得了快速发展，但由于消费者信任和物流成本高等问题，农产品电子商务在运行效率和消费者体验方面并未达到消费者预期。为了克服消费体验和物流问题，以阿里、京东为代表的涉农电商企业开始尝试布局线下实体门店，永辉、百果园等线下超市也纷纷开始向线上拓展农产品电子商务，农产品电子商务的线上线下融合发展已经成为重要趋势。线上主要满足消费者购买的便利性要求，线下则满足消费者对"逛"的体验需求，线上线下融合为消费者带来一体化、无缝化、高品质的购物体验，满足消费者的个性化需求。

2016年10月，马云在阿里的云栖大会上首次提出"新零售"的概念，他认为纯电商时代已经过去，线上线下与物流的结合将会实现"新零售"。尽管当前学界对新零售的定义还未达成共识，但大多数学者认为新零售的发展与互联网及数字技术的驱动密不可分，新零售实质上包含新渠道、新体验和新效率3方面（王强等，2020）。全渠道的拓展和新技术的推动促进了传统电子商务向新零售转型升级（常明哲等，2018）。为此，本书将从全渠道平台搭建、新技术支撑、构建路径三个方面来论述农产品新零售发展问题。

（一）全渠道平台

全渠道平台的搭建是新零售发展的基础，即由单纯的线上渠道发展成线上线下融合的渠道。美国沃顿商学院教授贝尔（Bell）在其著作《不可消失的门店》中分析了电子商务拓展线下实体零售终端后的效果。

（1）线下店的拓展促进了总体销量的增加。因为实体店的存在为电商渠道赋予了更多的知名度和可信度，很多人在线下体验后会选择线上购买。

（2）商品的购买转换率提升。因为消费者在线下实体店可以直接接触并感知商品，可以激发消费者的购买动机。这一点对于农产品尤其是生鲜农产品十分重要。农产品属于典型的场景类消费商品，新鲜的、五颜六色的农产品很容易刺激消费者购买。

（3）潜在消费增多。线下实体店布局越多，电商品牌的影响力就越强，进而会刺激很多潜在的消费者去线上访问。对于体验类商品来说，线上线下融合的农产品电子商务模式具有独特的销售竞争优势。对于线上线下融合的农产品电子商务模式来说，消费者获取信息的渠道既可以在实体店获取商品信息，也可以在线上获取商品信息；从商品的获取方式看，消费者既可以直接前往实体店获取商品，也可以通过物流配送的方式获取商品。

对全渠道零售的相关研究主要包括以下几个方面：

(1) 全渠道零售演变的分析。美国国际数据集团在其 2009 年发布的零售研究报告中首次提出了"全渠道购买者"的概念。Rigby（2011）提出了"全渠道"战略，认为面对激烈的竞争，传统零售商要生存和发展必须实施"全渠道零售"（omni-channel retailing）战略，即探索实现传统实体店的优势与电商信息优势的完美结合以促进销售。Verhoef 等（2015）提出在线渠道和新的数字渠道（如移动渠道和社交媒体）的出现改变了零售商业模式、零售组合的执行和购物者行为。张沛然等（2014）提出全渠道零售是零售管理发展的高级阶段，经历了单渠道、多渠道、跨渠道再到全渠道零售的发展历程。齐永智和张梦霞（2015）认为单渠道、多渠道和跨渠道零售均是以零售企业自身为中心，而全渠道零售则是以消费者为中心。汪旭辉等（2018）分析了零售企业从多渠道到全渠道的转型升级路径。

(2) 全渠道商业模式相关研究。刘煜等（2016）从价值主张、关键业务、核心资源等方面分析了全渠道零售商业模式的构成内容。刘向东（2014）分析了移动零售下的全渠道商业模式选择问题。郑国洪和戴镇蔚（2019）将全渠道零售的类型分为线上线下渠道、网购店取和线下体验 3 类。李曼（2018）分析了生鲜农产品供应链的全渠道整合模式及战略。

(3) 全渠道的用户购买行为分析。Emma 等（2016）分析了影响全渠道消费者行为的因素，包括预期绩效、预期努力、社会影响、个人创新能力等。施蕾（2014）分析了全渠道时代消费者的购物渠道选择行为，认为消费者综合运用购物渠道的能力正在不断增强，零售商应提高多种零售渠道的整合运用和管理能力。

1. 农产品零售渠道的演变分析

零售渠道是产品或服务从上游主体转移到最终消费者所经历的路径。随着消费需求的不断变化和升级，农产品零售渠道也经历着由单一渠道、多渠道到全渠道的演化。单渠道即通过单一渠道向客户提供农产品，这里的单一渠道可以是实体零售店，如农贸市场、连锁超市、生鲜超市等，也可以是线上农产品商店或者是社交性质的商店。多渠道是指零售商通过多种渠道向客户销售农产品。在多渠道零售中，每一条渠道都能独立完成该渠道全部而非部分商品销售功能。例如消费者可以在同一家生鲜连锁超市的某线下实体零售店进行购买，也可以在其线上超市购买，但二者之间不存在关联。全渠道通过实现实体渠道、电商渠道、移动电商渠道之间的整合和互动，允许客户在任何地方、任何时间跨越渠道购买农产品，从而为他们提供独特、完整和无缝的购物体验，打破渠道之间的障碍。农产品全渠道与多渠道零售在渠道特点和管理方面存在较大差异，如表 7-1 所示。

表 7-1　农产品多渠道与全渠道零售的比较

项目	多渠道	全渠道
渠道分离性	独立渠道，没有重叠	整合的渠道，无缝对接的购物体验
渠道关注	顾客对渠道的关注	顾客对渠道-品牌的关注
渠道管理	每一个渠道单独管理	跨渠道管理
目标	单一渠道目标（每一个渠道的销售额，每一个渠道的购物体验）	全渠道整体购物体验，全渠道总的销售额

2. 农产品全渠道零售的特点

农产品是生活必需品，其消费需求具有刚性、即时性、小批量高频次特点，农产品全渠道零售通过线上线下融合实现优势互补、互动协同，可以较好地满足消费者对农产品购买的便利性要求，为其带来更好的消费体验。农产品全渠道零售具有以下特点：

（1）以消费者为中心。齐永智和张梦霞（2015）提出单渠道和多渠道均是以零售商为核心的，而全渠道则是以消费者为中心的渠道模式。在单渠道或多渠道中，消费者是被零售商人为割裂的，即便是在同一零售商的不同渠道购买相同的农产品，仍被会视为不同的消费者。而在全渠道模式中，无论消费者在该零售商的任何一类渠道购买农产品，都会获得相同的服务和购物体验，不同渠道之间无缝对接，消费者在同一零售商的不同渠道中是同一个人。

（2）"产品＋服务"的模式。在全渠道零售场景中，零售商不仅全天候为客户提供农产品，还会通过线上线下的深度融合为客户提供集购物、娱乐以及社交在内的全方位生活服务，使农产品的购买过程充满乐趣和情感，提升客户体验。

（3）全渠道协同。实体店可以赋予电子商务渠道更多的知名度和可信度，农产品属于典型的场景类消费商品，新鲜的、五颜六色的农产品很容易刺激消费者购买。线下实体店布局越多，电商品牌的影响力就越强，进而会刺激很多潜在的消费者去线上访问。渠道协同是农产品全渠道零售战略成功的关键，是不同渠道间实现无缝链接提供一致性服务的基础。

3. 全渠道理念下的农产品零售渠道整合

对于体验类商品来说，线上线下融合的全渠道模式具有独特的销售竞争优势。传统渠道是电商渠道的载体、互动以及体验平台，电商渠道是传统渠道的拓展、有益补充以及未来发展趋势。为了使消费者在实体渠道、电商渠道、移动电商渠道中获得无差异的购物体验，需要对农产品零售渠道进行优化重组。全渠道理念下的农产品零售渠道整合分为客户需求整合、多渠道库存共享以及全渠道信息协同三方面。

（1）跨渠道需求整合。农产品的需求具有即时性，农产品的零售终端包括农贸市场、连锁超市、生鲜超市等多种形式，同时还包括线上交易。为此，消费者更容易根据其在农产品购买过程的不同阶段的需求作出无规律的选择和转换。对于全渠道的消费者来说，他们想要的店内体验与传统零售店的顾客不同。由于消费者在农产品购买决策的信息搜寻过程中接触的数字渠道越来越多，许多消费者在访问实体店之前会进行在线访问。当他们进入实体店时，他们准备得更充分，他们知道他们想看的产品以及他们期望的价格，即使期望价格不同于店内价格。为此，对于全渠道理念下的农产品零售来说，应整合前端客户需求。重点是为农产品消费者提供一个整合的服务平台，设计一致性的服务标准，使每一个顾客接触点都能够提供最优质的服务。反之，如果不同渠道的服务标准或顾客服务感知差距较大，顾客很可能会集中回到某一个渠道中，如此其他渠道就会形同虚设，难以实现农产品全渠道零售提升顾客体验的目的。同时，每个顾客接触点都应能够跨渠道地提供不同接触点之间的无缝、快捷转换，特别是农产品购买的线上线下渠道的无缝对接，以匹配客户的需求和偏好，减少消费者在农产品购买旅程中的流失风险。

（2）多渠道库存共享。 传统的农产品多渠道零售中的库存是独立库存，即每一类农产品流通渠道中的库存只满足该渠道中的消费者，不存在交叉，如图7-1所示的农产品多渠道流通中的库存模式。

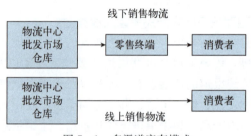

图7-1 多渠道库存模式

在全渠道农产品供应链运营体系之中，任何一个渠道的信息都应该实现实时和可视化的共享。当线上顾客有农产品需求的时候，如果此时物流中心没有库存，而其可调拨区域的末端实体店有库存，则由末端实体门店根据客户订单信息快速处理订单并实施物流配送，如图7-2所示的全渠道库存模式。全渠道理念下的农产品零售渠道的库存共享需要有良好的线上线下协同能力，需要先进的信息系统和业务管理系统的支撑。多渠道库存共享为全渠道消费者提供了多样化的"最后一公里"场景，客户可以通过实体店/服务点自提或是物流配送上门的方式来获取订购的农产品。对于农产品零售商来说，可将具有高频次、小批量需求特点的农产品存放于距离消费者较近的实体门店，以保证顾客取货的便利性或配送的时效性，以此来满足全渠道消费者的主要需求；对于需求频次相对较低的农产品可集中存放于物流中心或配送中心，以快速的配送服务来满足顾客的个性化需求。

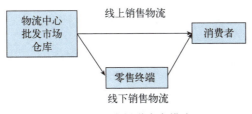

图 7-2　全渠道库存模式

（3）全渠道信息协同。信息协同对于农产品全渠道零售来说至关重要。在农产品全渠道零售中，消费者与企业之间的信息互动可以通过移动终端、电脑网页、社交媒体、实体店等多种形式实现。消费者通过以上形式获取农产品信息；企业则需要对多种渠道的销售数据进行汇总分析，以便更好地预测和满足客户需求。在农产品全渠道零售中应避免不同类型渠道之间的信息割裂，如果不同渠道间的信息相互独立无法、共享，则无法实现客户的购买旅程和购买历史信息在不同类型渠道间的相互连通。如此，农产品全渠道零售只是单纯地增加了渠道，并不能够为客户提供一致的、有别于独立渠道的购物体验，也不能够起到降低供应链库存的作用。为了真正使客户在农产品全渠道零售中获得更好的体验，应以互联网、大数据等技术为基础整合各渠道农产品销售数据，以实现不同渠道的信息有效共享和协同，实现客户在不同渠道中的服务体验能够无缝对接。

（二）新技术支撑

电子商务具有很强的技术依赖性，将现实中的交易场景搬到线上需要一系列技术的支持。电子商务的发展基础是互联网，以及一系列基于互联网的衍生技术，如交易系统、支付系统、安全系统等。随后飞速发展的移动电子商务则要依托于移动互联网、智能手机、平板电脑等技术的普及。新零售涉及线上平台、线下实体零售店、物流服务、管理信息系统等诸多方面的深度融合，这个过程需要一系列新兴技术渗透其中，为其提供软硬件支持。为此，新零售的本质可以看作是新技术驱动的零售迭代升级以及消费体验的改进。新零售在现实中应用的技术主要目的在于改进消费者的购物体验，同时提升零售的管理效率，如图7-3所示。

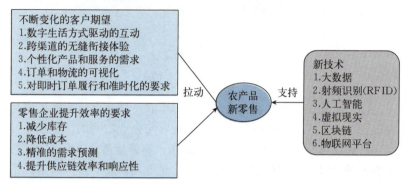

图7-3 新技术支持新零售模型

1. 技术驱动消费体验改进

互联网经济下，消费者的需求正发生着深刻的变化，对消费中的互动、无缝衔接的购物体验、消费个性化、订单和物流的可视化、服务准时化的要求越来越高，新技术对于满足消费期望的变化至关重要。

（1）依靠大数据实现精准营销。在互联网出现之前，就有专业的数据采集机构；互联网出现之后，使得数据采集更容易且成本更低。零售业本身就是一个巨大的数据采集器，特别是线上线下融合销售使得数据采集更加便捷。现实已经证明数据可以产生巨大价值，大数据分析是企业从数据中获取价值的重要手段。大数据的核心思想是用规模剧增来改变现状。大数据的相关关系分析方法更准确、更迅速、更客观，建立在相关关系分析法基础上的预测是大数据的核心。新零售借助大数据分析可以实现更精准的预测，并以此为基础实现精准营销和科学生产。

（2）**虚拟现实技术改进购物体验。**农产品属于体验性商品，相比线上渠道，现场购买可以带来更好的购物体验，颜色、新鲜程度等视觉冲击很容易刺激消费者的购买行为；且现场购买使消费者能够更好地察觉农产品的品质，这些都是线上购买无法实现的。应用虚拟现实技术可以增强线上购买的现实感，通过模拟线下购物的场景，可以使消费者感觉仿佛置身于真实的线下购物环境中，提升客户体验水平。

2. 技术驱动管理效率提升

客户期望的变化对零售业经营带来了很大挑战。为了满足个性化需求，零售企业不得不存储更多种类的商品；为了满足即时需求，企业不得不延长营业时间或物流服务时间，以上都为企业带来了更大的成本负担和经营风险。新技术可以在提升零售管理效率方面发挥重要作用。

（1）**人工智能技术提升供应链效率。**人工智能技术应用于无人零售，降低了经营成本、拓展了零售网络布局；人工智能应用于仓储物流，提升了物流作业效率、降低了差错率和物流成本；人工智能应用于客服，降低了运营成本、提升了客户体验。人工智能技术在供应链各环节的应用可以提升供应链整体效率和服务水平，为新零售发展提供支持。

（2）**物联网和 RFID 技术提升供应链可视化。**RFID 技术是物联网最重要的技术。国际著名咨询公司麦肯锡的研究表明：使用 RFID 技术可以将库存的精准度提高到 95％；应用物品级 RFID 将库存缺货的发生率降低 80％[①]。物联网和 RFID 技术的使用提升了供应链可视化程度，进而可以降低供应链总成本。

（3）**区块链技术实现产品溯源。**区块链系统由于数据不可篡改，并且存储在联盟各方，过程中产生的数据可以实时获取，精准定位和追溯。区块链记录了包括采购、生产、流通加工、物流、销售等在内的全供应链环节的数据，对于质量追溯、产品召回、应急

---

① 戴斯.新零售时代 物联网技术将驱动供应链升级［N］.现代物流报·综合物流，2017－06－21（A12）.

处理都具有重要支持作用。

（三）农产品新零售的构建路径

农产品新零售是为了满足消费者在任何时间、任何地点、任何方式的农产品购买需求，通过整合农产品零售的实体渠道、电商渠道、移动电商渠道来销售农产品或提供服务，为消费者提供无差别的优质购物体验。农产品零售企业如何实现前文所述的客户需求整合、多渠道库存共享以及全渠道信息协同是农产品新零售能否取得成功的关键所在。为此，本书将采用案例研究方法来探讨"互联网＋"背景下农产品新零售的构建路径。

本书选取盒马和百果园为分析对象。盒马是阿里布局线下零售的探索；百果园是线下连锁起步，逐步向线上拓展，推进线上线下融合发展的开拓。盒马是以数据和技术驱动的新零售平台，是国内农产品新零售的探索者，至今已开门店 140 家左右，且获得了较好的经营效益和社会认可度。百果园是"水果专营连锁业态"的开拓者，是一家集水果源头采购、采后保鲜、物流仓储、品质分级、营销拓展、品牌运营、门店零售、信息科技、金融资本、科研教育于一体的大型连锁企业。近年来，百果园一直致力于新零售发展，拥有实体门店、自营 App、小程序、第三方平台等线上线下渠道。探索性案例分析的结果表明，企业新零售的构建路径包括以下几个方面，如图 7-4 所示。

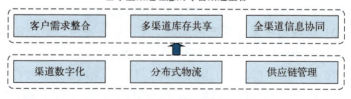

图 7-4　农产品全渠道零售构建路径

1. 基于"互联网＋"的渠道数字化

互联网具有"连接一切"的功能，通过互联网的连接，可以实现农产品零售商与客户的"点对点"直通直达。零售商可以综合应用数字化手段来吸引客户，以差异化的服务和体验来提升客户忠诚度。互联网及移动互联网为农产品零售商提供了与客户建立关系的平台。基于"互联网＋"的渠道数字化即通过互联网或移动互联网平台实时收集农产品、客户、客户的购买轨迹、线下实体店的货架空间等相关数据，并与线上数据综合进行挖掘分析及应用，实现客户及门店的数字化。通过渠道数字化实现线下渠道、电商渠道、移动电商渠道的无缝连接，建立农产品零售商与客户之间的强关系。

案例分析

　　2016年1月，第一家盒马鲜生门店在上海开业，其最大特点在于线上线下的深度融合，客户可以选择自己认为最方便的方式在App或实体店下单，也可以进行线下线上智能拼单。相关数据表明，开业一年半以上的盒马门店日均销售额可达80万元，其中线上销售比例超过六成，经营效率超过同类卖场的2~3倍[①]。盒马取得成功的关键原因在于基于IT技术将客户、商品、营销、交易及管理全部实现数字化。

　　百果园起步于线下连锁，2008年开始探索电子商务运营模式，2017年8月百果园小程序上线，打造了线上线下融合的服务场景。当前，小程序用户已经突破了1 300万，日活跃用户超过50万，日订单已经超过60 000单，2018年的水果线上销售额已经超过20亿元。百果园通过对其经营过程的数字化升级，构建了集App、小程序、第三方平台、实体门店网络等在内的农产品全渠道零售网络，从时间、空间、场景多个维度持续满足消费者需求，促使消费者的购买旅程始终在百果园的全渠道体系内循环，并不断激发新的消费需求。

---

　　① 百度，2018.盒马鲜生首次披露运营数据：一年半以上门店单店日均销售额超80万元［EB/OL］.［2018－09－17］.https://baijiahao.baidu.com/s? id＝16118472206250706578&wfr＝spider&for＝pc.

盒马和百果园的渠道数字化实践如表 7-2 所示：

表 7-2　盒马和百果园的渠道数字化实践

	盒马	百果园
渠道数字化	盒马构建了全渠道的数字化解决方案，包括商品数字化、门店数字化、供应链数字化、决策数据化。数字化的对象包括客户以及客户的购买轨迹、商品和时空的轨迹、员工在业务流程中的动作和状态①	百果园小程序、微信公众号、社群网络、第三方电商、百果园 App、线下实体门店网络全方位融合，形成了一个流量和渠道转换的循环系统，促使消费者的购买旅程始终在百果园的全渠道体系内循环

2. 基于效率改进的分布式物流

为了给客户带来线上线下无缝连接的购买体验，需要高效率的物流系统做支撑。由于农产品需求具有即时性特点，物流服务的效率和质量将直接影响到客户的全渠道购买体验。

案例分析

从案例分析可以看出，为了实现前文所述的多渠道库存共享，盒马和百果园均采取了分布式物流策略，提高了物流配送效率。在仓储方面，盒马和百果园均采取了前置仓模式，实施仓店一体化。盒马通过店就是仓，仓即是店的经营模式降低了物流成本，同时提高了配送效率。百果园以线下实体门店为一级仓储网络，辐射社区消费者，订单配送的辐射范围为门店周围 1 千米，由第三方物流服务商或者是实体门店服务人员进行配送。如此解决了生鲜农产品配送中的"最后一公里"问题，既可以保证水果配送的时效性，又可以采用常温物流降低物流

---

① 联商网，2018. 看盒马鲜生如何玩转零售数字化？［EB/OL］.［2018-07-18］. http://www.linkshop.com.cn/web/archives/2018/406242.shtml.

成本。在物流方面，盒马在实体门店前端采取的是仓对仓的 B2B 物流模式，在门店后采用 B2C 的外卖配送模式；百果园采用整体物流仓库体系，在全国建有 15 个仓配中心，可以实现全程高效的冷链物流①。盒马可以实现在半小时内将一个实体门店的 1 万个订单准时送达；百果园配送的辐射半径为实体门店周围 1 千米，由门店或第三方外卖配送，配送时效为 59 分钟送达②。

3. 基于品质保障的供应链管理

农产品新零售发展的基础是高质量的产品。相比其他商品，消费者对农产品质量的关注度更高，高质量的农产品是消费者留在零售商渠道内的基础。

案例分析

盒马的产品采购分为原产地直采和本地化直采两种。在原产地直采方面，盒马会从世界不同地区引进最优质的农产品；在国内直采中，盒马会前置到生产基地做品质控制及采购③。2005 年，百果园成立了果品供应链管理公司，负责水果的采购，并直接参与到供应商的生产环节④。百果园已经在供应链上游布局了将近 230 个水果种植基地，在全国范围内建设了 17

---

① 搜狐，2018. 生鲜电商能活下去的四个要点与冷链物流切入点 [EB/OL]. [2018 - 09 - 20]. http://www.sohu.com/a/254984438_533790.

② 简书，2018. 10 分钟读懂百果园 16 年发展之路 [EB/OL]. [2018 - 08 - 29]. https://www.jianshu.com/p/4a56c32b47c5.

③ 亿欧，2018. 盒马的物流究竟牛在哪？2 小时对话，我们得到这些答案 [EB/OL]. [2018 - 04 - 17]. https://www.iyiou.com/p/70353.html.

④ 搜狐，2018. 重磅 | 百果园 6 大"种植基地"管理方法 [EB/OL]. [2018 - 06 - 11]. http://www.sohu.com/a/235058814_379553.

个水果初加工及配送中心，国内水果生产基地直采的比重达到90%。对生产基地严格执行科学管理，通过优选品种、科学种植、科学采摘、全程控制保证产品品质。

盒马和百果园的供应链管理实践见表7-3所示。

表7-3　盒马和百果园的供应链管理实践

	盒马	百果园
供应链管理	盒马推出了"日日鲜"品牌，从国内外优质农产品供应基地直接采购农产品，由于减少了中间环节，可以在保证农产品新鲜程度的前提下降低价格	百果园成立了果品供应链管理公司，在负责水果统一采购的同时，还会参与到供应商的生产环节。为加强产品质量控制，百果园会深度参与到水果种植基地的生产流程，从良种、标准、技术等方面加强质量管控，涉及水果定制、生产过程管理、采摘过程管理、采购管理等方面

新零售正成为现代零售发展的趋势，正在快速融入我们的生活。发展农产品全渠道零售可以实现农产品线上线下渠道的优势互补，既可以更好地满足顾客需求，又可以提升供应链效率及企业经营绩效。

（1）农产品全渠道零售的发展应围绕顾客"体验至上"。 随着消费者越来越关注购物过程中的体验，农产品全渠道零售的发展应以为顾客提供良好体验为核心。通过线上线下融合发展，在产品、场景、互动设计等方面为顾客提供更多的便利性、乐趣性、社交性，提升顾客满意度和顾客价值。

（2）农产品新零售的发展应注重资源整合。 农产品新零售运营的关键在于需求、物流、信息流的协同整合。农产品具有易腐性，其需求具有高频次、小批量、即时性消费的特点。为此应在需求整合、物流服务组织、信息共享等方面设计适用于农产品需求特点的新零售模式。

（3）农产品新零售的发展应注意不同渠道间的无缝对接。农产品新零售的运营应注意不同渠道间的无缝对接和无差异体验。为此，应打造整合的客户服务平台，提供线上线下无差异、高品质的服务，使顾客的农产品购买旅程始终在企业的渠道之中。

二、农产品电子商务服务化

传统的农产品电子商务是基于供给导向，即仅在一定价格水平上为消费者提供农产品。而当前农产品电子商务的主要消费群体具有收入高、学历高、年轻化特点，他们是互联网经济发展的重要推动者，价格已经不是其购买农产品时的首要考虑因素，他们越来越看重农产品的质量安全、体验性甚至是趣味性。这种非物质性的价值感知主要取决于消费者在购买农产品过程中的体验和感受，从这个角度看更像是"服务"而非"商品"。农产品电子商务发展的根本动力在于满足消费者日益多样化和个性化的需求，充分体现以消费者为核心。在服务经济发展的大趋势下，既要卖产品，也要卖服务已经成为农产品电子商务发展的重要方向。在提供优质农产品的同时，为消费者提供差异化的服务已经成为涉农电商企业获取竞争优势的关键；同时，通过为客户提供集购物、娱乐以及社交在内的全方位生活服务，使农产品的购买过程充满乐趣和情感，提升客户的体验水平。

Vargo 和 Lusch（2004）认为服务是一切经济交换的根本基础。从客户需求角度看，客户真正关心的不是企业所提供的商品或是服务，而是企业能否帮他解决遇到的问题，能否给他带来便利性和更高的效用。从逻辑上看，这种"便利和效用"具有非物质性。从经济学角度看，"效用性"和"便利性"取决于客户的体验和感知，从这个角度看更像服务而不是商品。随着居民收入水平的提高以及数字化带来的消费推力，消费者的消费行为正发生深刻变化。埃森哲在其发布的《2018 埃森哲中国消费者洞察》中提出了消费者行为的五大趋势，即两线买（线上线下）、购物社交化、体验至上、健身消费、拥抱价值经济。在受访者中，55％的消费者愿意为便利性买单，47％的消费者认为购物是社交的副产品，59％的消费者认为购物不仅是买东西，更是购买体验[①]。传统的农产品供应链是以产品为核心，以保证供应和稳定价格为主要目标。面对消费者消费行为的改变，农产品电子商务应突出需求导向，以服务为核心创新农产品电子商务模式，改进供应链效率及顾客体验。

相比其他线上产品，农产品电子商务更需突出服务化发展。一方面，与其他类型商品相比，农产品本身具有特殊的自然属性和经济属性。农产品是生活必需品，其购买具有高频次、批量小的特点，由此造成客单价一般较低；同时农产品具有易腐性和非标准化的特点，由此带来较高的物流成本。低客单价和高物流成本之间的矛盾使得很多农产品电子商务企业面临盈利难的问题，仅仅通过物流系统的改进以降低物流成本已经证明无法从根本上解决这一问题，且过度降低物流成本可能带来物流服务质量的下降，给消费者带来劣质的消费体验。另一方面，与其他商品的流通渠道特别是零售终端相比，传统的农产品流通渠道已经比较成熟，农贸市场、超市等零售终端网络布局比较完善，单从农产品销售角度看，农产品电子商务在价格、购买便利性等方面并无比较大优势。对于农产品电子商务来说，跳出单一的产品思维，以服务为核心提供解决方案，基于服务化导向进行创新是获取市场竞争优势的关键。在提升顾客体验的过程中，应同时注重使用价值和情境价值，这里服务情境应包含服务接触、服务场景以及服务生态系统三个层次（Akaka et al.，2015）。为此，本书将电商服务化的实现路径分为三个层次，即提供解决方案、创新服务场景、构建服务生态系统。

（一）提供解决方案

传统电子商务关注的是如何为客户提供商品，在服务化导向

[①] 2018埃森哲中国消费者洞察系列报告：新消费 新力量，accenture.（https://www.accenture.com/cn‐zh/insight‐consumers‐in‐the‐new）.

下，企业应整合供应链资源为顾客提供整合解决方案，满足顾客深层次的需求。为此，应基于个性化需求开发顾客的价值主张，以实现价值主张为目标设计整合解决方案，实现顾客价值增值。对于农产品来说，其顾客价值主张已经由过去的"吃得饱""吃得好"转向现在的"吃得健康""吃得有乐趣"，农产品消费已经成为消费者展示其生活方式和生活态度的重要方面。对于农产品电子商务来说，如果仅仅将电子商务视作农产品的供求渠道或营销推广渠道，则难以给顾客带来更好的消费体验。为消费者提供个性化的生活服务解决方案是提升生鲜电子商务供应链竞争力的关键。为此，首先，农产品电子商务应明确目标客户群体。对于农产品消费来说，并不是所有的顾客都需要解决方案，电商企业应精准锁定目标客户，这类顾客追求健康时尚的生活方式，同时有对解决方案的支付意愿和能力。其次，应把价值创造作为解决方案设计的核心。农产品电子商务应以目标客户群体的个性化价值需求为基础，对产品和服务进行整合和定制化设计并传递给顾客，满足顾客的个性化需求。再次，构建价值网络。为了实现为目标顾客创造价值的目标，农产品电子商务供应链各主体间需要协同合作，农产品电子商务企业需要选择最佳的供应商，并加强对供应商的管理。

案例分析

　　以日本生鲜电商 Oisix 为例，其主要销售有机蔬菜和水果，目标定位于高端市场，为目标客户提供个性化生活解决方案。为保证农产品品质，Oisix 选择优质的供应商进行合作并加强对供应商的管理。有近万个种植生产组为 Oisix 提供生鲜农产品，企业对所有农产品生产者的生产过程进行全程记录，并对生产过程进行技术指导，建立质量可追溯体系。同时不断更新和完善农药化肥使用的数据库，以保证农产品生产过程中使用的化肥农药都在合理的范围之内。在农产品产出之后，Oisix 要进行严格的质量检验，以保证农产品质量安全。为降低物流过程中的农产品损耗，Oisix 专门针对农产品运输过程中的温度管理及农产品包装过程进行了研究，最大限度保持农产品的新鲜程度。为了给顾客创造更多价值，Oisix 还设计开发多种类型的增值服务。Oisix 不仅为顾客提供高品质的农产品，还会向顾客提供不同类型农产品的加工方法、多样化的食谱、新式的烹饪家电及厨具，使顾客在新式烹饪中获得生活的乐趣。Oisix 成立了"Food Tech Fund"（食品技术基金），用于投资新食材的农业生产技术、对农产品营养以及味道的研究、应用新技术的厨具、其他与食品有关的技术和服务研究，目的在于为顾客提供超越农产品本身的、更高价值的服务①。

（二）创新服务场景

服务场景是指服务场所中所包含的各种经过设计及控制的环境要素（Bitner，1992）。随着消费行为越来越个性化、专业化，服务场景对于企业获取竞争优势至关重要。传统农产品电子商务一般是单一的线上消费场景，即顾客根据购买需求线上浏览农产品信息、下单并在线支付，然后由物流将农产品直接配送至消费者手中。单一的线上消费场景存在两方面因素影响顾客对农产品的购买行为。

（1）农产品线上交易本身带来的信任问题。 在电商环境下，信任是影响线上交易的关键因素。消费者无法像线下交易一样可以同卖家进行"面对面接触"，无法在购买前亲自查看其所购买的商品，因此面临更多的不确定性和风险。信任问题是电子商务发展初期面临的主要制约因素，但随着电子商务交易制度的不断完善以及顾客消费行为的改变，消费者对线上交易的信任程度不断提高，很多消

---

① Oisix：一家活了 16 年的生鲜食材电商，究竟有什么奥秘？[EB/OL]. 百度，2016 - 10 - 24.

费者已经形成了线上购买习惯。但农产品不同于其他商品，其质量好坏直接影响消费者的身体健康，对消费者的重要性程度更高。为此，消费者对自己亲自挑选、面对面购买的农产品会有更多信任。少数生鲜电商以次充好，更进一步加剧了消费者对农产品线上交易的信任问题。

（2）物流过程中的服务问题。消费者选择线上购买农产品的重要原因就在于其可以直接配送至消费者手中。由于生鲜农产品很多是即时性消费，由于物流问题造成的顾客无法及时收货，或者物流过程中造成的农产品新鲜程度降低、品质下降均会降低顾客体验水平。

农产品电子商务供应链除了为顾客提供优质的农产品外还应设计集效率性和社会性于一身的服务场景，为顾客带来良好的情景价值和消费体验。基于服务场景的农产品电子商务供应链创新应包含以下几方面内容：

（1）通过服务场景设计提升顾客的便利性。服务场景应可以满足顾客随时随地购买农产品的需求，实现与消费者需求的无缝对接。农产品电子商务需要在可能与顾客接触的所有节点之上进行场景设计，既能满足购买便利性又能提升取货便利性。

（2）通过服务场景设计增加顾客的信任程度。如前文所述，信任问题是单一线上场景面临的重要问题，为此农产品电子商务应设计有利于增进信任的服务场景，如开设线下体验店或直接将消费者带入农场进行参观体验。

（3）增加服务场景中的象征要素。象征要素是指能够表达消费者所属的某一群体的共同情感的情景要素，这种要素可以唤起消费者的情感或对其所属群体的身份认同，进而吸引或阻止他们进入某一消费情景（李慢等，2013）。为此，农产品电子商务供应链在服务场景设计中应增加社交性、内容性要素以建立同消费者之间的情感连接，进而激发顾客的购买意愿。如基于社群设计新的消费场景，利用社交性因素影响消费者的购买行为。

（三）构建服务生态系统

服务生态系统是由资源整合者通过共享的制度安排和服务交换进行价值共创和连接的相对独立、自我调节的系统（Lusch et al.，2014）。在服务生态系统中，利益相关者之间有着共同的价值观，有相应的制度逻辑协调参与者的行动，以实现资源整合和价值共创（Lusch et al.，2006）。资源整合、制度以及服务提供过程中的互动性是服务生态系统的关键（Vargo et al.，2011）。基于服务化导向的农产品电子商务模式创新的最终目标在于构建服务生态系统，引领新式消费体验、全面提升顾客体验水平。在农产品电子商务的服务生态系统中，电商平台通过整合产品、物流、营销、金融等资源为顾客提供优质的农产品及最大程度的购买便利性；同时提供涵盖线上线下的多样化互动式服务场景，各场景间互联互通、涉及有关食物的诸多方面，为顾客带来良好的消费体验。电商企业作为服务生态系统的核心为资源整合提供支持环境和制度规则，为参与者提供服务生态系统的接入口。

案例分析

　　盒马作为国内新零售的主要代表，以提升消费者的生活品质和价值为目标，围绕消费者的生活服务，打造了线上线下融合、强调网络互动和多样性服务场景的服务生态系统。为克服单一电商渠道带来的消费体验问题，盒马设计了线上电商和线下体验店深度融合的模式。消费者可在线下体验后线上下单，也可直接线下购买，增强了消费者对线上购买的信任程度。以盒马超市为中心，盒马可以实现下单后3千米内30分钟送达，既可以实现电子商务的便利性又能够满足消费者对农产品的即时性需求。为保证农产品质量，盒马推出了"日日鲜"品牌，从国内外优质农产品供应基地直接采购农产品。为保证新鲜程度，盒马所销售的大部分商品均为小包装，设计为一顿饭的用量。基于品质化生活理念，盒马围绕"吃"的主题设计了包括超市、电商、餐饮、互动在内的多样化的服务场景。顾客在购买农产品或半成品食材后可以选择进行店内加工，由店内厨师加工后直接食用；如果顾客喜欢加工后的食品，则可以在盒马超市内买到加工该食品所需的各种调料，然后回家自己进行制作，盒马会在其 App 中提供相应的制作过程视频，让顾客体验到做菜的乐趣。同时，通过对线上线下消费数据的分析深入理解消费者的需求，使供应链后端的农产品生产更能够对接现实需求，从而实现价值的增加。

三、农产品社交电子商务

社交电子商务是近年来电子商务发展中重要的创新模式。社交电子商务可以理解为基于互联网或移动互联网的"社交媒体"，人们可以在线上社区平台或线上市场参与有关产品或服务的营销活动[①]。随着社交流量与电子商务资源的不断融合，社交电子商务模式不断迭代和升级。本书将对社交电子商务的几种主要形式进行分析。

（一）内容电子商务

内容电子商务是以消费者为中心，以优质的内容刺激消费者产生新的需求，并绑定商品实现销售转化的电子商务模式[②]。内容电子商务中的内容包括图片、文字、视频、音乐、游戏等形式。内容电子商务的经营逻辑是通过内容设计吸引对该领域内容感兴趣的消

---

① Stephen A T，Toubia O，2010. Deriving Value from Social Commerce Networks [J]. Journal of Marketing Research，47（2）：215－228.

② 2020 视频内容电商行业白皮书［EB/OL］. 腾讯网.

费者以聚集流量，通过消费者之间关系网络的传播聚集志同道合者形成稳定的兴趣社群，根据兴趣社群需求提供个性化产品形成销售转化。相比传统电子商务，内容电子商务丰富了购物场景，在潜移默化中实现销售转化和客户体验水平改进。传统电子商务只是提供了单纯的购物环境，消费者是在明确需求后才开始购买，卖家的经营策略是围绕商品的、以价格竞争为核心的促销方式。内容电子商务则构建了"情感/兴趣＋社交＋电商"的购物场景，给消费者带来一种更感性的沉浸式购物体验，可以激发消费者的潜在需求或创造新的需求。如倡导优质生活的小红书、专注于时尚生活的蘑菇街都是内容电子商务的代表。

案例分析

> 以小红书为例，其以"Inspire Lives 分享和发现世界的精彩"为使命，致力于打造年轻人的生活方式平台。在小红书，用户可以分享自己的生活方式并基于兴趣形成互动。截至2019 年 7 月，小红书的用户数量突破 3 亿，月度活跃用户超过 1 亿。小红书通过多种方式提升内容向销售的转化率，如依托笔记的私域直播，打造更具情感属性的带货氛围。

（二）直播电子商务

近两年，直播电子商务呈现出爆发式增长态势。截至 2019 年12 月，我国网络直播用户人数已经达到 5.6 亿，这其中直播电子商务的用户规模迅速增长至 2.56 亿，占全部网购用户的 37.2％，占直播用户的 47.3％[1]。2019 年，中国直播电子商务规模达到4 338 亿元，同比增长 226％[2]。2019 年，消费者每天观看直播内

---

① 第 45 次中国互联网络发展状况统计报告［R］.中国互联网络信息中心，2020.
② 2020—2021 年中国直播电商行业运行大数据分析及趋势研究报告［R］.艾媒咨询，2020.

容的时间超过 35 万小时。淘宝直播账号数量比 2018 年增长 1 倍；淘宝直播在阿里平台的整体渗透率是 2018 年的 2 倍；日均开播商家数量比 2018 年增长近 1 倍。据 2020 年中消协开展的直播电子商务消费调查显示，喜欢直播电子商务的受访消费者比重为 34.9%，喜欢传统电子商务的受访消费者比重为 42.6%，还有 22.5% 的受访消费者表示不确定，如图 7-5 所示①。由此可见消费者对直播电商的接受程度越来越高。

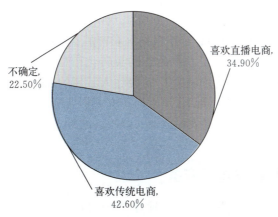

图 7-5　消费者对直播电子商务的态度调查

　　与传统电子商务的静止单向传播相比，直播电子商务可以向消费者提供动态、实时、互动的视觉展现；同时，直播可以直接将消费者引入生产端，使过去隐蔽的生产环节走向前台，在增强消费者信任的同时，也为企业的自我展示和营销提供了新的平台。相关研究表明，电子商务直播带货的整体转化率可以达到 20%，是传统电子商务的好几倍，视频内容已经成为吸引消费者的重要渠道②。

---

　　① 直播电子商务购物消费者满意度在线调查报告［EB/OL］.中国消费者协会，2020-03-31.
　　② 正式限制第三方链接，店宝宝：快手抖音的电商江湖来了！［EB/OL］.腾讯网，2021-01-29.

当前，农产品直播电子商务模式主要有2种：①电商平台直播。电商平台直播即传统电商平台中嵌入直播功能，如淘宝、京东等大型电商平台中都具有直播功能。平台直播的优势是具有强大的货品供应能力、海量的用户基础、成熟的物流服务平台做保证，可以实现传统平台流量带动直播流量。②视频平台直播。视频平台直播即短视频平台嵌入电商功能，如抖音、快速等短视频平台开通电商交易功能。

直播带货成为农产品销售的新渠道，2019年农产品相关的直播达140万场，覆盖全国31个省、2 000多个县，带动60 000多新农人加入[①]。达人直播、产地直播等农产品直播模式激发了消费热情和消费潜力，提升了农产品的购买转化率和客户体验水平。同时，直播电子商务为农业农村发展注入了新的动力，通过明星直播、专业主播、政府部门人员直播等方式将当地特色农产品推广到全国各地，有效促进了农民创业、增收，同时也成为精准扶贫的重要手段。

（三）社群电子商务

社群是指在互联网时代，具有共同价值观和亚文化的群体，具有小众化、圈层性、兴趣性的特征。社群更强调成员间的即时性互动与关系连接，本质上是一种靠关系或共识聚集在一起的群体。农产品社群电子商务的发展符合消费升级以及消费分级的趋势。农产品社群电子商务是利用微信、微博、网红等具有一定影响力的社群平台，向有共同兴趣爱好、价值取向的消费者群体提供电商入口，由社群中的成员自行选择符合群体需求的高品质农产品。传播学者麦克卢汉认为人类社会先后经历了"部落化""去部落化""重新部落化"三种社会形态的演变过程。随着互联网经济的飞速发展，人类社会已经开始出现"重新部落化"趋势。在移动互联时代，每个人都成为了社交化的消费者。消费者寄生于由互联网联结的社交网

---

① 2020淘宝直播经济报告［R］.

络之中，逐渐开始"重新部落化"，社交网络已经成为聚集消费者的重要渠道。以 QQ 群、微信群等为代表的移动社交网络增强了消费过程中的社交性和互动性。特别是微信的出现，极大地推动了社群电子商务的发展，微信群、朋友圈、视频号都成为商品营销渠道，特别是微信小程序更是促进了社群电子商务的发展。2019 年，微信的月度活跃用户数量已经突破 11 亿人，微信小程序日活跃用户数量也超过 3 亿人，其中小程序电商用户人数约 2.4 亿人。在排名前 100 位的微信小程序中，网购小程序占 20％①。

通过社交网络，消费者可以自己组建自己的微型商圈，并在其中分享、参与、影响甚至主导部落内其他消费者的购买过程。基于社交网络形成的"重新部落化"在一定程度上打破了商家与买方之间的信息不对称，消费者在购买前的信息搜寻过程中越来越重视各种社交群体中好友的评价或购买体验，而不再是卖家的广告或其提供的信息。当前，很多消费者已经成为社交化的消费者。农产品具有信任品属性，即消费者在购买后也无法确定农产品质量的优劣，质量信息不对称以及农产品质量安全事件使得消费者对农产品质量安全的信任程度较低。社群经济的发展改变了消费者购买过程中的信息劣势地位，在传统渠道中，商家提供的信息往往是消费者获取产品信息的唯一渠道，消费社群的形成不但拓展了消费信息的来源渠道，更增强了信息的客观性和真实性，从而促进了市场主导权重归消费者。社群中的消费者由于存在较强的联系，其相互信任水平较高，很多消费者对社群的信任程度高于商品生产者，他们更愿意相信和购买社群中推荐的商品，并愿意为其支付更高的价格；同时，通过在消费社群中分享消费体验或介绍产品信息，可以使消费者对农产品信息有更为深刻的了解。当代社群经济是建立在互联网基础上，由消费者自己主导的商业形态，可以为消费者创造更多价值，降低交易成本。

---

① 阿拉丁发布 2019 年小程序年度生态白皮书［EB/OL］. DoNews，2020－01－04.

第八章

农产品社群电子商务的商业模式与运行机制

随着互联网技术的快速发展，人们的社交及经济活动不断向互联网迁移。移动互联网的飞速发展以及智能移动设备的快速普及加剧了这一迁移趋势。互联网不仅改变了人们的连接和交往方式，还促进了社会化商务模式的发展。截至 2020 年 6 月，我国网络购物用户规模达到 7.49 亿，连续多年保持快速增长，其中手机网络购物用户规模达到 7.47 亿，占手机网民的 80.1%[①]。互联网为人们的交往搭建了新的平台，越来越多的人加入不同类型的网络社群之中。电子商务与社会化媒介不断融合，使社群经济成为互联网经济下的一种新兴经济形态。当代社群经济是一种建立在互联网基础上，由消费者自己主导的商业形态，可以为消费者创造更多价值，降低交易成本。当前，社交网络已经成为聚集潜在消费者的重要渠道。随着电子商务不断深度嵌入社会化媒介之中，以网络社群为渠道为顾客提供产品或服务已经成为电子商务重要的模式创新。

传统社群主义者认为地域、血缘、情感等因素是连接社群的纽带。网络社群是基于互联网平台而形成的社会交往群体，群体成员具有相对明确的关系及行为规范，同时基于共同的目标和兴趣维系社群内的互动关系（庞正等，2017）。对于网络社群来说，共享性

---

① 数据来源：第 46 次中国互联网络发展状况统计报告.

资源和社会支持、共享性实践、社群意识、共享性身份认同、参与行为、公民行为对其形成及巩固具有重要影响作用（王兆昱等，2020）。Porter 等（2008）的研究表明：网络社群功能价值的实现依赖于良好的用户信任氛围。人们只有对某个网络社群产生信任，才会愿意加入该社群并在该社群中积极参与互动。Dholakia 等（2009）认为顾客从在线社群中获得的收益包括功能收益及社会收益。其中，功能收益有助于客户解决实际问题、获取实际收益；而社会收益可以为客户带来社交及情感价值。Howard（1993）较早分析了网络社群对商业实践的影响，认为突破地域限制的网络社群可以为企业运作提供指导。彭兰（2020）认为从"社群"到"社群经济"的主要驱动力在于利益驱动、关系驱动和文化驱动等方面。社群化将是电子商务发展的重要趋势，由不同消费者构成的社群是商业活动的重要推动者（王昕天等，2019）。基于社群逻辑的商业模式颠覆了传统商业模式，企业价值创造的载体和媒介将被重塑（罗珉，2015）。学者对社群电子商务的消费行为也做了许多有益的探索。宋立丰等（2020）从社群价值出发，构建了基于个体需求价值和隐性冗余价值的平台—社群商业模式。陈惠和杨宁（2019）对在线品牌社群进行了分析，提出社会交互联结、信任互惠原则、自我概念一致性三个方面会提升客户的社群价值感知。朱翊敏（2017）分析了在线品牌社群成员的参与程度对社群认同感的影响，研究发现对于搜索品来说，社群参与程度较低时社群认同感更强；而对于体验品来说，社群参与程度较高时社群认同感更强。随着学者们对网络社群研究的逐渐深入，有越来越多的学者开始研究消费者通过社群电子商务渠道购买商品的行为。对社群电子商务经营策略的研究不仅能够帮助社群电子商务经营者顺应新的数字消费趋势、制定合理的营销战略、开发更多的潜在用户，还能为社群电子商务消费者提供更加丰富、个性化、高品质的商品，提升消费者的购物体验，具有丰富的理论和现实意义。

随着消费者对品质生活的要求越来越高，越来越多的人加入围绕食品的兴趣圈或社群之中，社群对消费者购买农产品决策的影响作用越来越大；同时，社群已经成为农产品销售的新兴重要渠道，很多传统零售商已经开始了通过社群电子商务渠道销售农产品的探索，其中既包括传统大型零售商，也包括大量小型农产品销售商及个体商户。社群在为农产品销售商提供稳定且庞大的客户群体的同时，也为相同消费价值观的农产品消费者提供了沟通情感、信息、文化的平台。为此，本章将以农产品社群电子商务为研究对象，深入分析农产品社群电子商务的商业模式和运营机制，并探索农产品社群电子商务的经营策略。

一、农产品社群电子商务的商业模式

社群的存在源于个体的某些特定需求，如共同兴趣、社会交往等，而满足需求的过程就有产生商业价值的空间。传统社群由于受地域限制，可开发的商业价值较小。智能手机、移动互联网、社交软件等的快速发展改变了人们的生活和工作方式。基于互联网和移动互联网的社群为人们在更大范围内的交互提供了基础，网络社群在信息流量、人员聚集数量、交流频率等方面远超传统社群，由此带来了更大的市场价值空间。农产品社群电子商务改变了农产品的营销和消费模式，重塑了农产品电子商务的商业模式。

商业模式是企业创造价值的基本逻辑，涉及企业为谁创造价值、如何创造价值、如何分配价值、如何传递价值（Amit et al.，2012）。商业模式具体涉及客户价值主张、战略性资源、价值链和价值网络构建等问题（郑瑞强等，2018）。

社群传播具有聚合力和裂变效应、情感价值、自组织传播和协作三个重要特征（金韶等，2016），社群经济与传统商业运行过程有较大不同。基于网络社群的传播特性，本章构建了农产品社群电子商务的商业模式框架，如图 8-1 所示。在该商业模式中，消费者通过网络社交平台加入购买社群，消费者加入社群的动力可能源自其他消费者的推荐，特别是有重要影响力的人物的介绍，也可能是源自农产品电子商务企业的营销策略吸引；农产品电子商务企业通过社交平台与消费社群实现连接，进而针对社群消费者的个性化需求选择与需求相匹配的竞争战略，为消费者提供特色产品和服务，为客户创造价值。下文从价值主张、竞争战略、价值创造三个方面对农产品社群电子商务的商业模式进行阐释。

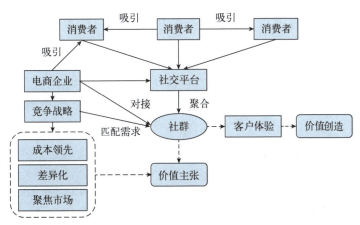

图 8-1　农产品社群电子商务商业模式

（一）价值主张

价值主张是商业模式的核心要素，Anderson（2006）认为价值主张是能够为客户、合作伙伴、员工创造价值并为企业带来价值的要素形态或要素组合。价值主张具有与众不同、可衡量、可持续等特征，价值主张是价值创造的前提和导向。价值主张包含三个方面，即为客户带来的利益、具有差异化的优势、与客户价值相关的关键要素。对于农产品社群电子商务来说，准确理解客户的价值主张是成功经营的关键。与传统电子商务相比，农产品社群电子商务具有不同的客户价值主张。

（1）**社交性**。社交性是社群的基本属性，社群电子商务的重要特点就是在满足客户功能性需求的同时，通过创造互动的场景满足客户的情感性需求。在农产品社群电子商务中，购物已经成为社交的副产品，消费者通过图文、视频、笔记、晒单等社群运营要素展示个性化需求、购买心得、商品评价、营养知识等，形成社群内成员间互动。

（2）**便利性**。便利性是电子商务的基本特点，农产品社群电子商务的运营依然要依靠在线支付、物流配送等服务功能，便捷支付、快速获得、即时配送、位置响应性同样是客户的重要诉求。

（3）**个性化**。不同类型的客户有不同的需求，有的客户十分关注食品安全，有的客户属于价格敏感型，有的客户则十分重视农产品的种类和营养，电商企业也应针对不同类型客户的特点制定经营战略，针对细分市场提供个性化产品和服务。

（二）竞争战略

在明确客户的价值主张之后，电商企业就要制定并实施与价值主张相匹配的竞争战略。Michael E. Porter 曾提出了三种竞争战略，分别为成本领先战略、差异化战略和聚焦市场战略。电商企业应针对目标客户群体的消费特点确定提供什么样的产品和什么样的服务，产品和服务应能够准确反映客户的价值主张，能够为客户解决特定问题或满足客户的个性化需求，从而为客户创造更多价值。如有些电商企业采取成本领先战略，主要针对价格敏感型客户，节约客户的购买成本；有些电商企业采取差异化战略，为客户提供个性化农产品和服务体验；有些电商企业采取聚焦市场战略，针对某一特殊类型的市场提供产品和服务。企业竞争战略的选择基于目标客户群体的价值主张，但战略的成功实施需要关键资源的保障，这些关键资源包括企业的供应链、运营管理能力、市场营销能力、客户关系管理能力等。

案例分析

以社群电子商务平台"有好东西"为例，"有好东西"本着"分享好东西，让每个家庭拥有快乐和健康"的理念，为目标客户提供高品质的个性化食品。"有好东西"构建了S2B2C的社群电子商务模式，S即供应链平台，B即直接服务顾客的商家，C即最终顾客。在"有好东西"的S2B2C模式中，S是有"好东西"社群电子商务平台，B是"有好东西"的"甄选师"社群体系，C是每个社群中的顾客。"甄选师"即社群电子商务中所谓的店主，"甄选师"既是"有好东西"平台的用户，也是农产品销售人员。"有好东西"将"甄选师"打造成高品质农产品的推荐专家和社群的意见领袖，使"甄选师"的每一次群内互动都提供高质量的内容，促进农产品的销售、重复购买以及分享[①]。同时，"有好东西"以严苛的质量控制标准保证其所销售的农产品的品质，努力做到"臻臻至至、优中选优"。在进入农产品销售领域之初，"有好东西"就实行了农产品产地直采，并设立了"寻味师"这一特殊职位。"寻味师"的职责在于严格甄选高品质农产品，深入一线产地考察，追溯农产品生产源头，把控农产品健康指标，每一种上线销售的农产品都要经历数轮的测试及试用，尽最大努力提升顾客的购物体验。

（三）价值创造

商业模式是一个系统概念，由不同的要素、要素间的连接关系、系统的动力机制构成（Afuah，2005）。商业模式创新的最终目的是创造价值，价值创造的过程会涉及要素结构、要素关系、关

---

① 搜狐，2018. 社群电商做到月流水8 000万的有好东西，怎样打"好"这张牌？[EB/OL]．[2018-08-13]．https://www.sohu.com/a/246925321_196540.

键流程的创新。对于农产品社群电子商务来说，其价值创造的逻辑表现为：价值主张—用户行为、企业关键资源整合及流程创新—价值创造。

（1）价值主张驱动用户行为。价值主张是价值创造的基础。用户行为是用户认知及情感的外在表现，是对商品及服务的反应倾向，包括语言和非语言的行动表现，可以分为知晓、喜欢、询问、使用、推荐五个方面（江积海等，2019），这几种行为是逐级递进的。在传统电子商务中，客户的参与性较差，由此也造成了相对较低的信任水平。在农产品社群电子商务中，消费者的行为更积极、参与程度更高，其询问、使用、推荐等行为发生的概率更高，使得消费者拥有更大的消费主导权。社群成员通过高频次、高效率的信息互动形成了很强的聚合力，可以在很大程度上影响企业的品类管理、客户管理、服务管理及供应链管理。

（2）价值主张驱动企业关键资源整合和流程创新。在网络社群中，社群成员主动参与农产品生产、传播及消费过程，使得农产品电子商务经营的关键资源和流程发生了变化。传统农产品电子商务主要通过搜索、品类导航、特色频道、商品促销等方式实现人货对接。农产品社群电子商务通过社群意见推荐、社群拼单、社交游戏嵌入等方式实现产品营销和销售，缩短了用户的决策路径和购买成本；对于企业来说也降低了与客户之间的供需信息不对称程度，可以实现更精准的营销，提升目标客户的下单率。

（3）企业与客户实现价值共创。Osterwalder（2009）将用户的价值主张分为功能型价值主张、情感型价值主张、社会型价值主张，由此可以对应功能价值、情感价值和社会价值三种用户价值。社群的重要特征是情感体验和价值认同，农产品社群电子商务除向客户提供产品之外，在满足客户情感需求、创造独特情感体验和消费场景、实现客户参与等方面具有更大优势。企业通过匹配社群用户需求实现价值共创。农产品社群电子商务经营者应在充分理解用户价值主张的基础上，从品类选择、生产过程、营销传播、客户服务等方面赋予客户全方位的融入式体验，与客户实现价值共创。

案例分析

　　以"叮咚买菜"为例，2017年5月叮咚买菜在上海成立，主打新鲜农产品29分钟配送到家服务。"叮咚买菜"服务强调"三个确定"，即品质确定、时间确定、品类确定。"叮咚买菜"的模式具有以下四个特点。一是社群营销模式。"叮咚买菜"利用社交和社区下单解决流量问题，应用拼团和分享红包的方式获取客户，然后通过微信社群运营，客户可以在微信群中讨论产品质量和消费体验，在其客户构成中很多都是邻里拼团[①]。二是社区前置仓模式。"叮咚买菜"采取移动端下单，即"前置仓配货＋即时配送到家"的模式，并根据自建物流体系智能调度和规划最优配送路径，由自己的配送团队实现农产品30分钟内送达[②]。三是数据驱动供应链模式。"叮咚买菜"运用数据算法实现订单精准预测，并根据预测结果科学管理仓储，降低了农产品损耗；通过用户画像识别，精准洞察客户需求，向客户推介个性化农产品，在提高客户体验水平的同时促进了选品优化；运用数据算法分析提升配送时效、配送员人均配送单量以及送达率[③]。四是接近线下渠道的购物场景。"叮咚买菜"设计了一个非常生活化的线上农产品购买场景，如客户在买鱼时可以选择不杀、杀好（要内脏）、杀好（不要内脏）三种处理方式，还原了客户在传统菜市场中的购物场景，给客户带来更好的购买体验[④]。

---

　　①　知盟软件，2019. 叮咚买菜社区团购玩法 [EB/OL]. [2019 - 12 - 25].

　　②　腾讯网，2021. 悦厚：叮咚买菜是如何盈利的？3 大生鲜电商盈利方法解析 [EB/OL]. [2021 - 01 - 12].

　　③　搜狐，2020. 谊品生鲜、叮咚买菜的硬核实力之战——供应链能力和数字化升级 [EB/OL]. [2020 - 06 - 19].

　　④　百度，2020. 叮咚买菜真的便宜吗？3 分钟理解叮咚买菜到底怎么样！[EB/OL]. [2020 - 12 - 28].

二、农产品社群电子商务的运营机制

企业的竞争优势源于其为顾客创造价值的能力。在竞争激烈的农产品电子商务行业，谁能提供高效优质的服务，谁就能把握市场先机，赢得顾客忠诚。农产品社群电子商务是近年来农产品电子商务发展的一种新形式。以共同兴趣及价值观为基础集结而成的线上购物社群，正成为推动传统农产品电子商务转型发展的重要动力。社群是基于群体归属感和认同感而建立，在没有产生商业价值之前就已经具有较强的内部关系连接和信任水平。与传统电子商务主要关注流量不同，农产品社群电子商务更注重关系的连接和关系的变现，基于社群内部的信息、情感和信任激发客户对产品及服务的需求，进而提供匹配需求的服务，为客户创造价值，其运营机制主要包括以下几个方面。

（一）信任机制

信任是一方对另一方的积极预期，通过观察了解对方的言行相信另一方不会采取机会主义行为（Robbins，2002）。信任是市场交易的前提，取得消费者信任是市场竞争的重点和难点，信任是连接消费者与商品的关键要素。电子商务中的信任是一方对另一方善良、正直、诚实及可预测性的依赖意愿。如果线上卖家能够满足消费者对其诚实、善良的期望，那么消费者就会对卖家有较强的信任动机，进而产生购买行为（McKnight，2002）。信任问题是传统农产品电子商务发展的重要制约因素。消费者在购买时无法与农产品进行面对面接触，使消费者面对更大的不确定性，从而降低其对线上购买的信任水平。规避风险和减少不确定性是人的本能，在面对呈现在各类屏幕上的虚拟产品时，消费者往往会对无法谋面的、陌生的卖家产生一定程度的不信任，对于对自身健康有重要影响的食品来说更是如此。由于社群在建立之初和实现商业价值之前就天然具有内部关系连接，与陌生的卖家相比，消费者更愿意相信社群成员的信息和意见，进而产生消费行为。农产品社群电子商务能够快速发展的关键就在于买家群体之间或者卖家与买家之间具有更高的信任水平，降低了相互之间的信任成本，这种信任既是建立在共同价值观和卖家信用基础之上，更是建立在产品品质基础上。

（二）强关系连接机制

在互联网和移动互联网时代，商业发展的驱动力由流量转向关系，新的商业模式更应注重关系的构建，而社群经济本质上是一种关系经济（程明等，2018）。关系连接是农产品社群电子商务价值创造的源泉。传统农产品电子商务更关注销量和流量，价格比拼和广告传播往往是其获取用户的重要手段。如此，既无益于企业经营效益的改进，也无益于客户忠诚度的提高。传统农产品电子商务中的企业—客户关系仅仅是市场交易关系，客户在不同电商平台、线上线下渠道间的转换成本很低。与传统电子商务经营商品不同，农产品社群电子商务经营的是客户群体，更强调关系连接。对于农产品社群电子商务来说，应先经营农产品客户群体，建立起基于共同兴趣和价值观的强关系连接，再根据客户群体的需求向其提供高品质农产品和差异化、定制化服务。

（三）价值创造机制

企业的价值链必须与顾客的价值链相匹配，企业的竞争优势来源于其可以为顾客创造价值。Woodruff（1997）将顾客价值定义为顾客在一定的情境下对产品属性、产品功效以及使用结果达成其目的和意图的感知的偏好和评价。根据途径—目的理论，顾客感知到的价值可以分为产品属性层、消费结果层和终极状态层三个递进层面。从这三个层面看，农产品社群电子商务对消费者的价值贡献表现为：从产品属性层看，消费者可以降低其购买过程的体力和时间付出，并获得传统渠道中难以获得的特色农产品，高品质的农产品是维系农产品购买、促进社群信任和社群电子商务运营的基础；

从消费结果层看，消费者可以获得更优的效用成本比，获得更高质量的服务；从终极状态层看，消费者选择通过社群电子商务渠道购买农产品反映了其内心深处的价值观，是一种对生活方式的追求。对于农产品电子商务来说，顾客体验将是其发展的决定性要素，顾客体验将直接影响顾客忠诚度和顾客黏度。一种商品的体验要素应包括消费者的个性化需求、商品的核心性能和速度、交互功能、细节设计等方面。农产品社群电子商务经营者可以通过加强供应链管理以及创造交互式的服务场景，为客户带来良好的产品功能体验和情感体验，创造客户价值。

三、农产品社群电子商务的经营策略

前文对农产品社群电子商务的商业模式和运行机制进行了分析，对于电商企业来说，既要深刻理解客户的价值主张，又要了解客户的消费行为。由于消费意愿对消费行为的重要决定作用，加强对农产品社群电子商务消费意愿的深刻理解有助于电商企业制定正确的经营策略，在为客户带来高质量产品和服务的同时提升企业的经营绩效和市场竞争力。本部分将以计划行为理论为基础，构建影响消费者对农产品社群电子商务消费意愿的理论框架，并进一步探索农产品社群电子商务的经营策略。

（一）计划行为理论对社群电子商务消费意愿的解释

消费意愿是消费者购买行为发生的倾向，是对购买行为进行预测的重要工具（张辉等，2011），所以对消费者意愿的分析是研究社群电子商务中消费行为的基础。在研究消费者购买意愿方面，计划行为理论（Theory of Planned Behavior，TPB）为我们提供了一个系统的分析框架，一直被认为是最有说服力的模型之一。Ajzen和Fishbein（1975）提出了理性行为理论，认为意愿是直接决定行为的因素，并受到主观规范和行为态度的影响。1985年，Ajzen在理性行为理论的基础上增加了知觉行为控制这一变量提出了计划行为理论。计划行为理论认为：在控制条件充分的条件下，意向直接决定行为；行为态度、主观规范、知觉行为控制是决定行为意愿的三个关键要素，三个要素均对行为意愿产生正向影响，即态度越积极、重要他人的支持程度越大、知觉行为控制越强，行为意向越强；三个要素既彼此独立又相互关联。计划行为理论在消费者购买意愿分析方面具有良好的预测和解释力，Stone 等（2009）通过实证研究发现计划行为理论可以解释消费者购买意愿的 47%。

根据计划行为理论，行为意愿直接决定消费者采取何种消费行为，即消费者通过社群电子商务渠道购买农产品的行为主要受个体行为意愿影响，且影响个体行为意愿的因素主要包括消费者的行为态度、主观规范和知觉行为控制。在计划行为理论中，行为意愿是一种激励因素，它能反映人们想要尝试一种行为的程度；行为态度是个体对执行某种行为的喜爱程度的总体评价，也是对行为后果可能性的评估；主观规范指个体在决定是否执行某种行为时感受到的社会压力，主要反映对个体行为具有影响力的重要他人或团体所发挥影响作用的大小；知觉行为控制是指个体认为的发生一种行为容易或困难的程度（Ajzen，1991），Kraft 等（2005）则认为知觉行为控制是个体完成某种行为的信心，这种信心依赖于个体对自身技能和能力、时间及成本等的感知。为此，以计划行为理论为基础，本章提出的社群电子商务渠道中消费者购买农产品意愿的理论模型如图 8-2 所示。

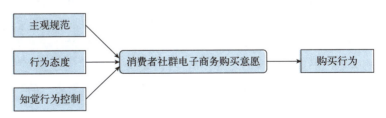

图 8-2　基于计划行为理论的农产品社群电子商务购买意愿理论模型

（二）基于计划行为理论的农产品社群电子商务经营策略

根据前文基于计划行为理论构建的理论模型，消费者通过社群电子商务渠道购买农产品的意愿会受到行为态度、主观规范及知觉行为控制因素的影响。通过对购买意愿的分析，可以更加明确农产品社群电子商务经营中应重点关注哪些要素，采取什么样的经营策略以扩大用户规模、增强客户黏性、提升客户满意度。

1. 行为态度方面

态度是计划行为理论中最重要的概念，本书中的行为态度具体指消费者对于通过社群电子商务渠道购买农产品这一行为的总体评价。态度并不是与生俱来的，而是跟后天的学习和经验有关。态度是逐步形成的，而且态度一旦形成就具有一定的持久性。消费者对通过社群电子商务渠道购买农产品这一行为的态度主要取决于消费者观察、了解和接触社群电子商务时留下的心理印象，如可以买到特色安全农产品、可以放松心情和缓解压力、在交往互动中获得快乐等。对于现实顾客来说，心理印象主要取决于通过社群电子商务渠道购买农产品过程的消费体验；对于潜在顾客来说，心理印象主要取决于他人特别是重要人物的影响。消费者态度是由认知、情感及行为倾向构成的复杂系统。社群电子商务与传统电子商务的重要不同之处在于，社群电子商务在为消费者提供农产品的同时还为其提供了社会交往及情感互动的平台。同时，由于网络社群成员一般具有共同的兴趣和价值观，社群电子商务经营者可以更精准地进行产品推介和信息传递，降低社群成员的产品信息搜寻成本，这些将会对网络购买决策产生积极影响，有利于消费者对通过社群电子商务购买农产品保持积极的态度。消费者态度越积极，对通过社群电子商务购买农产品这一行为的评价越高，越容易发生购买产品和服务的行为。

为此，农产品社群电子商务经营的第一步就是要让消费者对这一新兴消费方式产生积极态度。态度是消费者的复杂心理活动，是由认知、情感和行为倾向 3 个方面构成。其中，认知是消费者对某项事物的信念，即对某个事物有利或有害、有价值或无价值的看法；情感是消费者对某一商品的情绪反应，表现为喜欢或不喜欢、愉快或不愉快；行为倾向是消费者态度的准备状态，表现为消费者对某种商品的反应倾向（江林等，1997；段文婷等，2008）。一方面，应促进消费者对通过社群电子商务渠道购买农产品产生正向认知，通过建立良好商誉和打造品牌促进消费者对农产品社群电子商务形成一致的正面行为态度；另一方面，应激发消费者对农产品社群电子商务的正面情感，如通过电子商务扶贫方式促进消费者对社群电子商务经营者正面情绪的养成，使消费者逐步形成积极的消费态度和消费习惯。

2. 主观规范方面

主观规范反映的是一种社会压力，即他人的态度或行为对个体意愿的影响。对于农产品购买来说，消费者受到的外部影响力主要来自农产品生产经营者、政府、社会组织以及消费者的关系网络等。其中，消费者的关系网络往往成为购买决策的重要参考，包括家庭成员、朋友、同事等在内的群体意见会对消费者的购买行为产生很大影响，特别是消费者认可的某一领域的权威人物的意见影响更为巨大。网络社群多由兴趣相同或价值观相似的人聚集而成，顾客间的互动是社群电子商务存在和发展的重要内容，通过互动产生的信息转移会对顾客的购买行为产生影响。网络社群中的消费者由于存在较强的联系，其相互信任水平较高；同时，通过在消费社群中分享消费体验或介绍产品信息，可以使消费者对农产品信息有更为深刻的了解。消费者对通过消费社群渠道所购买的农产品的质量具有较高的信任水平。《2018 埃森哲中国消费者洞察系列报告》显示：消费社交化的趋势在近年来愈加明显，购物已然成为社交生活的副产品；兴趣圈成为消费的新推手，89.6％的消费者都有自己的兴趣圈，56％的消费者认为兴趣圈中推荐的产品信息是自己购物过程中的重要参考，54％的消费者认为兴趣圈中朋友推荐的商品更可靠。为此，一方面应通过意见领袖引导消费者，影响其购买行为；

另一方面应营造良好的社群氛围，增强已有客户黏性和关系连接，通过他们吸引更多的潜在客户。

3. 知觉行为控制方面

知觉行为控制这一变量是在理性行为理论的基础上新增的前置因素，其目的在于解释非个人意志控制的行为。Ajzen（1985）认为，个体的行为并不是完全受个体意志控制，还会受到其他因素的影响。知觉行为控制反映了个体对于促进或者阻碍执行某种行为的因素的感知，或者说是个体在考虑是否执行某种行为时所感知到的能控程度。个体认为自己所掌握的机会、资源等有利条件越多、预期中的阻碍等不利条件越少，则对行为的知觉控制就越强。在消费行为中，影响知觉行为控制的因素可能包括购买技能、获得方式、时间和资金等。Koufaris（2002）认为发生一个行为的重要先决条件之一是拥有从事该行为所必需的技能和知识。如果消费者对于执行购买目标有很强的知觉控制，就会有很强的购买意愿，往往会促成实际购买行为的发生。对于农产品社群电子商务来说，消费者对社交软件的熟练掌握程度、应用支付软件进行支付的能力、时间及货币等知觉行为控制因素会影响消费者的购买意愿。为此，农产品社群电子商务经营者应创新农产品信息的提供方式，提高信息接收的有效性；同时，创新支付方式、物流服务等服务方式，增强消费者通过社群电子商务购买农产品的便利性。

第九章

农产品电子商务物流

农产品电子商务已经成为我国农产品流通体系的重要组成部分，具有较好的发展前景和市场潜力。物流是电子商务整体服务的一部分，是整个农产品电子商务系统运行的基础和关键。当前，物流问题已经成为农产品电子商务发展的瓶颈。物流成本和服务质量之间的效益背反，一方面使得顾客难以获得好的消费体验；另一方面也使企业陷入经营困境。农产品本身具有易腐性、非标准化、季节性等特点，无论在物流过程还是在顾客体验方面均与其他线上商品具有较大不同。由物流问题造成的生鲜农产品损耗、变质或品质下降不仅会给电子商务带来巨大的退货成本，更为重要的是会降低客户的体验水平和重复购买的黏性，还会对网络社交口碑造成消极影响。从消费者角度看，高效的物流配送是实现农产品电子商务便利性的基础，物流过程是农产品电子商务与顾客接触的重要界面，物流服务质量直接影响消费者的线上购物体验。农产品电子商务若要获得长期发展必须很好地理解影响客户满意度的诸多因素，而物流能力的改善是电商企业提升客户满意度和获取市场竞争优势的关键。为此，本章将重点从农产品电子商务物流模式、农产品电子商务企业物流战略选择、农产品电子商务物流服务质量三个方面对农产品电子商务物流问题进行分析。

一、农产品电子商务物流模式

无论是与其他线上交易的商品相比，还是与通过线下渠道流通的农产品相比，农产品电子商务对物流的要求都要更高。物流过程不但是影响农产品质量的重要因素，也是电子商务经营成本的重要构成。由于农产品的易腐性及顾客对新鲜程度的要求，农产品电子商务的物流成本远高于线上交易的其他商品。如何实现物流服务质量、物流效率与物流成本之间的平衡对农产品电子商务来说至关重要。为此，在传统的分散式物流模式的基础上，农产品电子商务企业不断创新物流模式，通过实施仓配一体化、前置仓、"最后一公里"创新提升电子商务物流效率。

（一）分散式物流模式

传统的农产品物流一般是由干线运输至区域农产品物流中心、批发市场、配送中心分仓、连锁超市，然后通过"最后一公里"配送或者自取方式进入农产品零售终端以及消费者手中。早期的农产品电子商务物流多由卖家自己解决，即客户下单后由物流企业上门取件，然后经过运输环节进入物流企业的分拨中心，最后配送至买家手中。在这种模式下，物流各功能模块分散且协同性差；物流环节较多且二次作业多；信息延迟且差错率高；业务单一且周期长。这种分散式的电商物流模式越来越难以实现对消费者订单快速响应、快速配送的要求，也难以保障物流过程中的农产品质量。

（二）仓配一体化模式

仓配一体化是电商物流发展的趋势。所谓仓配一体化即订单后的一体化解决方案。在仓配一体化模式中，客户确定订单后，电商企业将订单信息提供给物流企业，由物流企业完成订单合并、转码、仓储作业、运输及配送、逆向物流等一系列作业。仓配一体化模式有利于节约物流成本、提高库存周转量、改进客户体验。相比传统的、分离式的电商物流模式，仓配一体化模式具有以下特点：①实现不同物流环节无缝对接。仓配一体化将收货、仓储、分拣、包装、配送等功能进行集成，如图 9-1 所示，由一家物流企业提供贯穿全供应链的服务。因此，相比传统电商物流，仓配一体化优化了物流环节、缩短了配送周期，提升了整个供应链的物流效率。②降低了仓储成本。对于电商来说，仓储是其核心物流环节及重要的供应链节点，仓储布局及仓储效率直接影响着电商的订单履行效率。物流企业通过仓配一体化的物流模式可以实现对不同电商企业货物的集中存放，从而实现规模经济效益和最高效的资源利用，进而降低物流成本。③可以为电商企业提供增值服务。仓配一体化模式可以更高效地汇集物流信息，进而通过大数据分析为电商企业提供销售预测、供应链设计、物流解决方案等增值服务。

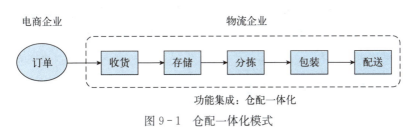

图 9-1　仓配一体化模式

（三）前置仓模式

前置仓模式即将冷库布局在生活社区之中，以保证生鲜农产品的快速送达。一般来说，传统的生鲜零售门店同时承担着仓储和销售两个功能，而前置仓则不需要承担销售功能，所以对仓库选址的要求不高，通过合理设计和密集布局即可以满足生鲜电商企业即时配送的需求。对于农产品电子商务来说，前置仓模式将原有的以包装、快递费用为主的物流成本结构转变成以仓储、冷源等固定成本为主的物流成本结构，从而使物流成本大幅降低。

案例分析

　　生鲜电子商务"每日优鲜"基于顾客对生鲜农产品购买的"即时性"消费需求，在物流配送中采取了前置仓模式，致力于为消费者提供优质生鲜农产品极速到家的配送服务。2014年11月，

"每日优鲜"开始布局"城市分选中心＋前置仓"模式。目前已经在全国 20 个城市建立了分选中心以及超过 1 500 个前置仓，这些前置仓均位于社区 1～3 千米范围内，可实现 30 分钟内送达①。当前，"每日优鲜"已经在目标客户城市建立了大量前置仓，所有的生鲜农产品均存储在前置仓内，真正满足了顾客"急买急购"的即时需求。对于企业来说，每日优先的单笔订单成本也相比以前降低了三分之一，提升了企业的市场竞争力。此外，钉钉买菜、美团买菜等企业也通过采用"前置仓"模式为客户提供生鲜农产品的快速送达服务。

（四）"最后一公里"模式

物流中的"最后一公里"即商品的末端配送，直接将商品送至客户手中。"最后一公里"是电商物流与客户直接接触的唯一界面，"最后一公里"服务质量会对客户体验产生重要影响，再好的商品、再好的服务过程都会因"最后一公里"问题造成服务失败。当前，农产品电子商务的"最后一公里"配送主要有以下形式：①专业人员配送，即顾客下单后由专业的配送人员直接送至顾客手中；②生鲜农产品自提柜，即顾客下单后由电商企业采购并配送至生鲜自提柜，由顾客自行提取生鲜农产品，生鲜自提柜一般放置于生活社区内；③线上线下结合的农产品 O2O，即消费者线上下单，然后到终端实体店取货。基于不同的服务场景，农产品电子商务的"最后一公里"可以具体分为以下几种模式：农产品仓库出货—快递配送上门；农产品仓库出货—快递配送—实体店送货上门；农产品仓库出货—快递配送—实体店顾客自提；农产品仓库出货—物流运输—

---

① 人人都是产品经理，2020. 产品分析｜每日优鲜：前置仓模式领跑生鲜到家[EB/OL].［2020－03－26］.

实体店分拨—实体店送货上门；农产品仓库出货—物流运输—实体店分拨—实体店顾客自提；农产品仓库出货—物流运输—实体店不分拨—实体店送货上门；农产品仓库出货—物流运输—实体店不分拨—实体店顾客自提；实体店出货—顾客自提；实体店出货—实体店送货上门，如图9-2所示。

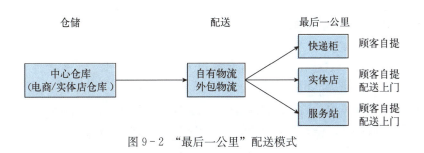

图9-2 "最后一公里"配送模式

二、农产品电子商务企业物流战略选择

当前，电子商务企业采取的物流战略主要有自营物流战略、第三方物流战略、混合模式战略、众包物流战略等。

（一）自营物流

自营物流即企业通过建立全资物流企业或者控股物流企业实现自己经营物流业务，完成全部物流功能。对于农产品电子商务企业来说，自营物流可以更好地实现对整个物流过程的控制，如保障物流速度、快速反馈信息、提高仓库利用率、更好地保证农产品质量、促进物流配送体系标准化、提升品牌价值。但是电子商务自营物流需要较大的前期资本投入和较高的后期维护成本，且灵活性相对较差。但是随着电子商务消费需求的不断升级，自营物流成为很多大型电商平台的选择，这些电商通过科层式管理加强对物流过程的控制以提高物流服务质量，最终达到提高消费者体验水平获取长期竞争优势的目的。在自营物流的电商平台中，比较有代表性的是京东。

案例分析

京东于 2007 年开始自建物流，2017 年正式成立京东物流集团。截至 2020 年 9 月 30 日，京东物流在全国运营的仓库数量超过 800 个，管理的仓储总面积约为 2 000 万平方米。京东物流大件和中小件网络已实现大陆行政区县近 100% 覆盖，全国 90% 的区县可以实现 24 小时达，超 90% 的自营订单可以在 24 小时内送达。在农产品电商物流方面，针对当前冷链物流中存在的标准化程度低、冷链网络覆盖能力不足、脱冷或伪冷链现象严重等问题，京东冷链物流以技术驱动创新，以产品助推服务，以平台整合资源，通过构建社会化冷链协同网络，打造全流程、全场景的 F2B2C 供应链一站式服务平台。京东冷链物流依托仓配一体的冷链仓网布局，联合区域优质冷链企业形成"骨干网＋合伙人"的合作模式，构建价值共创的社会化冷链协同网络。在满足京东平台自身的农产品电子商务冷链物流需求的同时，京东物流开放其专业化服务，为社会提供农产品冷链物流服务[①]。

（二）第三方物流

第三方物流即独立于供需双方，为客户提供专项或全面的物流系统设计或系统运营的物流服务模式（GB/T 18354—2006）。在第三方物流服务中，物流企业可以为其他公司提供方案设计、信息服务、作业服务（仓储、运输与配送、装卸与搬运、包装与流通加工等）、风险与应急管理等专业化服务，或是一整套物流解决方案。对于农产品电子商务来说，使用第三方物流服务可以使电商企业更

---

① 资料来源：京东物流官方网站．

加专注于自己的核心能力，避免因自营物流增加企业负担，降低物流成本，享受更加专业化的物流服务，使自身的物流业务更具灵活性。但是相比自营物流，使用第三方物流也存在一定风险。由于电商企业对物流过程的控制程度下降，可能会出现物流服务质量下降的问题，如配送时间难以保证、暴力分拣、快递随意乱丢等问题，降低用户的消费体验和信任感。专业化物流企业可以通过同时为多家企业提供服务获得规模经济效益，从而降低其单位成本。为此，从短期看，电商企业使用第三方物流的成本相对较低。

（三）混合模式

从上文分析可以看出，对于电商企业来说，自营物流和使用第三方物流各有优势，同时也都存在一定风险。为此，很多电商企业选择了混合模式，即在自建物流的同时使用第三方物流。以京东的生鲜板块为例，京东自营的生鲜农产品及部分平台商家应用的是京东自营物流；同时也有一部分京东平台的生鲜商家选择京东以外的第三方物流。具体选择什么样的物流模式，取决于以下几方面。

（1）电商企业的物流需求。 如果第三方物流服务可以满足电商企业的物流需求，则可选择第三方物流；如果第三方物流无法满足电商企业需求，如服务质量不符合要求，则在资源允许的情况下可以选择自营物流；如果电商企业市场交易量巨大，单一自营物流无法满足需求，也可以选择"自营物流＋第三方物流"。

（2）第三方物流的服务质量。 如果第三方物流能够提供较高质量的服务，则电商企业可以选择第三方物流企业为其提供服务。对于农产品电子商务来说，由于农产品的易腐性，电商企业应选择能够提供高质量服务的物流企业以保障客户体验。

（3）企业资源能力。 尽管自建物流会耗费大量资源，鉴于物流在电子商务中的作用越来越重要，从长远看自营物流仍然是一个具有重要战略价值的投资。随着消费需求的升级以及市场竞争加剧，很多电商企业开始自建物流以实现长期的市场竞争优势，甚至有些处于发展期的农产品电子商务企业都斥巨资自建物流体系。

（四）众包物流

众包物流是共享经济的一种实现形式。众包物流是共享经济背景下新兴的物流模式，充分发挥了共享经济开放、连接和高效的优势，利用互联网平台将原有由专职快递人员承担的配送任务转交给企业外的大众群体来完成。众包物流通过在社会中招揽有空暇时间的人员进行"顺路捎带，随手赚钱"，使他们成为企业兼职的快递人员，完成商品的"最后一公里"配送。众包物流具有成本低、人力资源配置效率高、社会效益大等优点，但同时也存在物流服务质量难以保障的弊端。

案例分析

如京东到家就采取了众包物流模式进行生鲜农产品配送。2016 年京东到家与达达众包合并，新成立的公司为京东到家提供生鲜农产品的配送服务。配送采取众包模式，利用原达达众包覆盖 37 个城市的众包物流网络、130 万众包配送员，为顾客提供生鲜农产品"最后一公里"的配送服务，新公司同时为其他零售企业、服务企业提供规模化、低成本的物流配送服务。

三、农产品电子商务物流服务质量

物流的本质是服务，其最终落脚点是顾客满意。物流是影响电子商务发展的重要因素，是电子商务交易最后的关键环节。Cronroos 最早将质量的概念引入服务领域，提出服务质量是"期望服务水平与实际感知服务水平之间的比较"，其由服务产品、服务传递、服务环境三个要素组成（Cronroos，1984）。物流服务是线上交易中接触客户的唯一界面，可以替代电商企业与客户直接互动，物流服务质量对客户的消费心理和行为具有重要影响（卞文良等，2011；梁雯等，2016）。Parasuraman 等（1991）提出了学界公认的服务质量测度模型，阐述了著名的 SERVQUAL 量表。SE-RVQUAL 量表将服务质量分为可靠性、响应性、安全性、移情性和有形性五个维度。Mentzer 等（2001）从顾客视角提出了衡量物流服务质量的 LSQ 量表。Stank 等（1999，2003）在前人的研究基础上进一步将物流服务质量分为运作质量、相关质量和成本质量。谢广营（2016）基于 SERVQUAL 量表的开发方式构建了网购物流服务质量的评价量表，其将网购物流服务质量的测量分为七个维度，分别是服务信息质量、订单交付质量、配送可靠性、配送信息质量、签收灵活便利性、签收质量、退货质量。

物流服务实质上包括实体物流服务和顾客营销两个方面。从顾客感知视角看，物流服务质量应包括订货过程中的人员沟通质量、订单释放数量、信息质量、订购过程，以及收货过程中的货品精准率、货品完好程度、货品质量、时间性、误差处理质量，表 9-1 具体列出了农产品电子商务物流服务质量的维度构成。农产品电子商务的物流服务过程不但会影响电商企业的绩效，更为关键的是会影响客户的网购体验和忠诚度。为此，应通过提升物流服务质量为客户提供超过其预期的服务，提高客户的体验水平。

表 9-1　农产品电子商务物流服务质量

维度	内容	具体指标
实体物流服务质量	传送效率	配送柔性
		快速反应
		物流速度
		覆盖地理范围
		覆盖时间范围
		逆向物流
	质量保障	产品精准率
		货品完好程度
		货品质量

（续）

维度	内容	具体指标
物流营销服务质量	沟通	信息质量
		延迟或者短缺的提前通知
		物流过程追溯
		退货处置
		物流投诉处理
	增值服务	物流保险
		以客户为本的程序
		后续服务

提升农产品电子商务物流服务质量的对策主要包括以下几方面。

（一）转变观念高度重视电商物流服务质量

物流是农产品电子商务与客户接触的唯一界面。物流过程自然对客户的体验具有重要影响。Zeithaml 等（2002）认为顾客在进行网上交易之前常常并不是很清楚自己所期望的是什么，心里并没有一个标准。顾客对网上交易生鲜农产品的价值诉求，既不同于传统渠道，也有别于线上销售的其他商品，对物流服务的要求自然具有独特性。生鲜电子商务经营者就应该转变理念，高度重视电子商务物流服务质量。生鲜电子商务经营者应树立"物流即核心竞争力"的理念，将物流视作市场的延伸和"第三利润源"。通过为用户提供优质的物流服务来开拓市场，将物流功能和设施建设、物流服务创新看作潜在的市场机会以及参与市场竞争的手段和策略，从而使物流成为生鲜农产品电子商务企业的核心竞争力之一。但高物流成本和社会化、专业化冷链物流资源的缺失，使得生鲜电子商务在提升物流服务质量方面面临很多困难，难以解决物流成本与顾客体验之间的矛盾。

互联网经济更加契合于服务主导逻辑，生鲜电子商务企业在物流服务改进中要注重以下问题。①注重顾客对物流过程的参与，并对顾客参与进行管理和设计，如提高顾客对物流配送路径选择的主动权、对配送地点动态变化的协商权，通过信息互动增强顾客对在途农产品的可感知性。②以开放式创新思维开放或整合利用物流资源，提高物流资源利用效率、实现价值共创。③推进线上线下融合和供应链共享，将线上的商流、资金流、信息流优势与线下的物流、服务、体验优势相结合，树立全渠道生鲜电子商务的经营理念。当前，部分生鲜电子商务企业如京东、易果生鲜在自建冷链物流体系后，除满足自身业务需求外，已经开始提供社会化冷链物流服务。京东于 2015 年 1 月组建生鲜冷链项目组，2016 年正式对外开放其生鲜农产品冷链物流服务，同时为京东及其他生鲜电子商务企业提供包括运输、仓储、分拣在内的全程冷链物流服务。京东冷链物流拥有专业的冷藏车、配送人员和精细化的运营管理系统，使用专业研发的温控技术、材料和设备为生鲜电子商务企业提供批量寄递生鲜快件的专属服务，通过配载优化、配送优化、定制化设备充分保障生鲜农产品配送的时效性和品质。京东冷链物流可以提供蔬菜的常温、水果的 0～8 ℃冷藏、鱼肉或肉类的 −18～−12 ℃冷冻冷链物流服务，在华北、华东、华南、华中等地可实现生鲜农产品产地至销地的当日送达或次日送达。

案例分析

　　在线上线下融合方面，生鲜电子商务多点（Dmall）通过与本地大型商超的深度合作打造线上线下一体化的全渠道零售平台，可以为顾客提供高品质、低价格、2 小时送达的优质服务。2015 年多点与物美达成战略合作关系，双方采用线上线下统一的供应链体系。多点通过改造物美的线下仓储、将物美的生鲜农产品进行标准化设计、重塑采购和商品管理、优化物流服务流程等方式，实现了顾客线上线下体验的无缝对接，使生鲜农产品能够以最大的新鲜程度到达顾客手中。客户的重复购买行为取决于客户能够从产品或服务获得的价值，农产品电子商务发展的关键在于为客户提供卓越的客户价值。鉴于农产品的属性特殊性和顾客价值特殊性，除商业模式创新、市场营销创新外，物流将是未来农产品电子商务企业获取竞争优势的决定因素，物流服务质量将影响客户的体验、黏性、忠诚度，进而直接影响农产品电子商务经营者的绩效水平。

（二）以新科技引领提升电子商务物流服务效率

随着消费者需求的个性化水平和服务期望不断提高，电商企业必须要响应客户需求提供更高质量的服务；但同时，随着人力成本的不断上升，提高服务质量势必会带来经营成本的增加。技术创新成为破解这一难题的重要手段。

1. 基于物流效率提升的技术创新

从消费者角度看，其对农产品电子商务物流的最重要要求是快速高效，快速不仅可以最大限度地减少农产品在物流过程中的损耗和品质下降，同时也是农产品的消费特点。生鲜农产品的特性使得顾客对速度的要求远高于其他线上商品。特别是当获取生鲜农产品的渠道转换成本较低时，速度将直接决定着顾客的体验水平和重复购买意愿。例如，如果顾客突然想吃某种水果，但发现网上订购要第二天才能送达，那么他很有可能选择去附近的超市、水果店或农贸市场购买了。从农产品电子商务经营者角度看，快速高效的物流过程可以减少因损耗或退货带来的成本，同时也会因物流效率的提升降低整个电子商务供应链的运营成本。为此，需要通过技术创新减少物流过程中各环节的时间以实现整体效率最优。一般来说，电子商务物流过程会分为转运枢纽、处理中心和站点等不同层次，最佳的选择是快递包裹到达不同物流节点后不进行存储，而是以最快的速度分拣并发货，即以最快的速度实现集散功能。为了达到这个目的，需要通过技术创新提升物流装备的效率，如输送分拣设备、扫码识读设备、自动化装卸车设备等新型智能自动化装备的大规模使用。同时，利用大数据分析技术、物联网技术、人工智能、智能匹配算法等新兴技术将分拨中心物流订单处理信息与车辆调度信息进行相互关联也是实现物流效率提升的重要手段，可以使物流车辆的调度更为高效有序，避免在不同层次物流节点的排队等候，减少交通拥堵。

2. 基于消费者便利性的技术创新

Keen 和 Mackintosh（2011）曾提出移动电子商务的客户价值驱动因素，即安全、位置响应、即时价值。对于农产品电子商务经营者来说，可以通过技术创新为客户位置响应性服务。位置响应性即根据顾客所在的位置提供信息和服务。相比于其他商品，由于生鲜农产品的易腐性及需求刚性，因位置原因造成的延迟收货或无法收货会给顾客带来更大的价值损失。位置响应性要求生鲜电子商务的物流系统能够对顾客位置的变动做出动态、快速的反应。电商企业可通过智能预测技术、定向搜索技术定位消费者所在地，实现生鲜电子商务配送过程信息与顾客位置信息的互动，进而实施即时精准配送，不但满足时效性，还可以避免收不到货的问题，如此既降低了物流成本又实现了高质量的服务。

（三）为客户提供物流增值服务

对于农产品电子商务来说，顾客体验将是其发展的决定性要素，顾客体验将直接影响顾客忠诚度和顾客黏度。生鲜农产品电子商务若要获得长期发展必须很好地理解影响顾客满意的诸多因素（Mckinney，2002）。一种商品的体验要素应包括消费者的个性化需求、商品的核心性能和速度、交互功能、细节设计等方面。在互联网经济时代，需求的多元化、个性化趋势越来越明显，产品与服务结合得越来越紧密，顾客的消费体验在其购买决策中发挥越来越重要的作用。对于农产品电子商务来说，为客户提供物流增值服务是实现差异化竞争、提升客户体验水平的重要手段。提供增值物流服务，除了可以实现农产品电子商务的功能价值外，还可以通过具有互动性、体验性、社交性、娱乐性的服务实现情感价值。

案例分析

　　奥凯多是英国最大的 B2C 零售商，为了提升顾客黏度，其在人流集中的地方设置了虚拟购物橱窗并安装了 42 寸的触摸屏，同时开展线下社区的试吃体验活动，以带动顾客的购物体验。奥凯多与英国中央兰开夏大学联合研发了未来冰箱，未来冰箱使生鲜电子商务管理到每一个顾客家庭的生鲜需求。未来冰箱可以根据食材散发出来的气味判断其是否新鲜，而且会自动把不新鲜的食材调整到距离冰箱门最近的地方，提醒顾客食用；同时，能够扫描冰箱内的食品，清点冰箱库存，根据不同时节或区域创建个性化菜单，并连接至奥凯多的数据库，选择食品的送货上门服务。当顾客要制作某种食品时，未来冰箱可以分析比较库存信息与用户需求信息，如果缺少某种原材料，系统会自动对奥凯多网站下订单，然后由奥凯多提供送货上门服务，从而实现精准营销和精准物流。

第十章

农产品电子商务绿色发展

绿色可持续发展已经成为全球发展的大趋势。2015年，党的十八届五中全会提出了"创新、协调、绿色、开放、共享"的发展理念，成为未来发展的引领。绿色发展是以效率、和谐、持续为目标的经济增长和社会发展方式，是克服当前环境污染、资源短缺、生态系统失衡等问题的必然选择。在这样的背景下，农产品电子商务也必然走上绿色发展之路。农产品电子商务的绿色发展一方面要为客户提供绿色农产品，另一方面在农产品电子商务系统运作过程中要实现资源节约、生态保护和环境友好。为此，本章将从农产品绿色生产、农产品电子商务绿色物流、农产品电子商务绿色包装三个方面进行分析。

一、农产品绿色生产

农业绿色发展是当前和今后我国农业发展的主题，是大势所趋。改革开放以后，我国农业发展取得了举世瞩目的成就，解决了十几亿人的温饱问题，粮食产量连年增长，但不容忽视的是长期粗放式的增长也使得我国农业发展面临新的挑战，特别是农业面源污染严重，农产品质量安全问题频出。2014年发布的《全国土壤污染状况调查公报》显示，全国土壤污染比重达16％，其中农用耕地污染面积占比达19.4％[①]。传统的以高投入高污染换取高产出的

---

① 搜狐，2017. 行业动态，全国农用耕地被污染面积占比19.4％，如何应对农用耕地土壤污染？环保部农业部答记者问！[EB/OL]．[2017 - 12 - 01].

农业发展方式已经难以为继，现代农业必须转变发展方式，走产出高效、质量安全、环境友好、资源节约的农业发展道路。绿色发展是农业发展方式的重大变革，这既需要技术创新的支持，更离不开制度保障。制度不仅影响着农业产前、产中、产后环节，同时也会影响绿色农产品及农业生态的价值实现。

当前，有关农业绿色发展的研究主要集中于以下几个方面：①从经济学视角进行分析，主要分析农业绿色发展的外部性问题及其内部化对策（严立冬等，2009；郑冬梅，2006）；②从农业生产者视角进行分析，主要研究农户的绿色生产意愿、行为以及绿色技术采纳问题（潘世磊等，2018）；③从技术视角进行分析，主要研究石化投入品的减量问题、农业环境技术效率及绿色农业技术扩散等问题（孙若梅，2019；吕娜等，2019；崔和瑞等，2018）；④从产业视角进行分析，主要研究农业绿色发展的产业结构优化、产业集聚、农业产业链的绿色化等（张永华，2019；薛蕾等，2019；陆杉等，2018）；⑤从区域农业发展视角进行分析，主要研究农业绿色发展水平的区域差异及绿色发展水平评价（涂正革等，2019；金赛美，2019）；⑥有关支持农业绿色发展的政策性建议分析，包括对财政支持、投融资机制、农业保险等方面的研究（叶初升等，2016；胡雪萍等，2015；罗向明等，2016）。本部分将农业绿色发展转型视作一个制度变迁过程，从制度经济学视角分析我国农业绿色发展的制度逻辑及实践路径选择问题，以期为我国农业绿色发展的制度和政策创新提供理论支持及实践指导。

（一）绿色农业发展的驱动因素

农业绿色发展是农业发展方式的深刻变革，本质上是一种制度变迁。林毅夫定义了诱致性制度变迁与强制性制度变迁。其中，诱致性制度变迁是指现行制度安排的变更和更替或新制度安排的创造是由一个人和一群人在响应获利机会时自发倡导、组织和实行的。强制性制度变迁则是由政府命令、法律引入和实行的[①]。本部分将

---

① 卢现祥，2013. 新制度经济学［M］. 武汉：武汉大学出版社：184.

从诱致性制度变迁和强制性制度变迁两个角度分析农业绿色发展的驱动因素。

1. 诱致性驱动因素

农业绿色发展首先源于需求变化带来的获利机会。改革开放以来，随着经济社会的快速发展，消费者的收入水平、食品消费结构、消费价值观均发生了深刻的变化。1978 年全国人均可支配收入为 171 元，到了 2017 年，全国人均可支配收入达到 25 974 元，比 1978 年增长 22.8 倍，年均增长 8.5%[①]。农产品的消费结构也从过去以粮食为主转向对蔬菜、水果、肉、禽、鱼、蛋、奶的更多需求。在对农产品数量满足种类多元化要求的同时，消费者对农产品质量安全的要求也达到了前所未有的高度，特别是在 2008 年三聚氰胺重大食品安全事件之后。当前，很多消费者在购买农产品时，首先考虑的因素已经是质量而不是价格；部分消费者已经通过参与社区支持农业等方式规避质量不安全的农产品。部分农业从业者顺应了这种农产品需求和消费价值观的改变，看到了农业绿色转型可能带来的潜在获利机会，早已开始了农业绿色发展模式的探索，成为农业绿色发展的推动者和创新者，如发展社区支持农业、农产品众筹和定制、生态休闲农业等。这种自下而上的实践，成为推动我国农业绿色发展的基础，成为推动农业绿色发展的重要力量。

2. 强制性驱动因素

强制性驱动的主体是国家和政府，即政府通过行政命令或引入法律来推动农业绿色发展转型。由于自下而上的诱致性驱动是渐进性的，一般是先易后难、先试点后推广，这个过程一般需要经历较长的时间。面对我国农业生态环境日益恶化的趋势以及农产品质量安全问题的严峻性，农业绿色发展转型已经是时不我待，迫切需要政府做出一系列强制性的制度安排。同时，由于农业绿色发展的外

---

① 中国经济网，2018. 国家统计局：改革开放以来全国人均可支配收入增长 22.8 倍 [EB/OL]. [2018-08-27].

部性，很多问题无法通过市场机制来解决，需要政府的制度和政策创新来推动解决。当前，政府正以壮士断腕的决心和前所未有的力度推动生态文明建设，污染治理力度之大、制度出台之频繁、监管执法尺度之严、环境质量改善速度之快前所未有。2015 年 10 月，党的十八届五中全会提出"创新、协调、绿色、开放、共享"的发展理念。2017 年党的十九大报告提出"加快建立绿色生产和消费的法律制度和政策导向，建立健全绿色低碳循环发展的经济体系"。2018 年召开的全国生态环境保护大会进一步明确要构建以产业生态化和生态产业化为主的生态经济体系。这种自上而下的制度推力，促使我国的环境发生了历史性、转折性、全局性变化。农业绿色发展是新发展理念在农业农村现代化和乡村振兴进程中的具体体现。为推动农业绿色发展，2015 年农业部启动实施了农药化肥使用量零增长行动；2016 年国务院印发了《土壤污染防治行动计划》；2017 年，中办、国办印发了《关于创新体制机制推进农业绿色发展的意见》；2015 年，农业部印发了《耕地质量保护与提升行动方案》，并启动了农业绿色发展五大行动。一系列密集出台的政策成为促进我国农业绿色发展的巨大动力，到 2017 年，我国农业灌溉用水总量实现了零增长；农药使用量连续三年负增长，化肥使用量连续两年减少；同时农药化肥的利用率不断提高[1]。

（二）农业绿色发展的制度逻辑

近年来，尽管我国农业的绿色转型取得了很大成就，但长期粗放式增长所积累的农业生态问题解决起来绝非一朝一夕之功。农业绿色发展是农业发展方式的根本性变革，是一个系统工程，不能仅依靠农业领域单独发力，而应统筹全局、协调行动。制度创新理论更接近于现实，从制度经济学视角进行分析更有利于从全局角度解决当前农业绿色发展中存在的问题，有利于在顶层设计上

---

[1]　新华网，2017. 我国化肥农药使用量零增长提前三年实现 [EB/OL].［2017 - 07 - 27］.

实施统筹推进。

诺恩和戴维斯运用成本-收益分析法分析了制度变迁的动因及过程。他们认为制度变迁的过程可以视作一个均衡—非均衡—均衡的过程，制度创新的基本条件是贴现的预期收益超过预期成本，只有满足这个条件，个体或者集团才有动力去实施制度创新。农业绿色发展本质上是一种制度创新，是对传统农业发展模式的深刻变革。根据诺恩等人的观点，由传统农业向绿色农业的制度变迁过程会受到以下几个方面因素的驱动：①新的潜在收益的产生。这种新的潜在收益主要来源于四个方面，即新技术应用及规模经济所带来的利润、外部性内部化带来的利润、克服风险带来的利润、交易费用转移与降低带来的利润。②组织或者群体（个人）操作一项新的制度安排的成本发生改变。③政治法律的某些变化可能影响制度环境，进而影响利润获取及分配①。基于以上分析，本书认为农业绿色发展的制度逻辑包括以下方面，即通过以下改进可以使农业绿色发展实现预期收益。

1. 降低交易费用

科斯认为交易费用是获得准确的市场信息所需要付出的费用，以及谈判和经常性契约的费用。威廉姆森认为交易费用包括两部分：一是事先的交易费用，即在签订契约中规定交易双方的权利、责任等所付出的费用；二是签订契约后，为解决契约本身存在的问题、改变契约条款及退出契约所付出的费用。农业绿色发展的根本目的是要为公众提供质量安全的农产品。然而，农产品本身具有信任品属性，公众即使在消费之后也无法判断农产品的质量优劣。农产品生产经营者与消费者之间有关农产品质量的信息是不对称的，对于农产品质量，农产品生产经营者掌握的信息要远多于消费者。因此，农产品市场具有典型的"柠檬市场"特征，在市场中存在"逆向选择"行为，即优质的农产品无法卖出与其品质相符合的价格，造成农产品市场中的"劣币驱逐良币"现象。因此，农产品市

---

① 卢现祥，2013. 新制度经济学 [M]. 武汉：武汉大学出版社：175 - 176.

场交易中存在较大的交易费用，为保护自己的利益、提防卖方的机会主义行为，消费者不敢轻率地在农产品卖方提供的信息的基础上做购买决策，不得不为购买到优质的农产品花费更多的信息搜寻成本。为了使农业绿色发展转型中所生产的高质量农产品能够实现"优质优价"，使绿色农产品生产经营者获得市场溢价和相应的收益，应通过制度创新降低农产品市场中的交易费用，如建立农产品分级制度、建立绿色农产品市场、完善农产品认证制度、优化农产品生产经营者信用体系建设等。

2. 外部性内部化

外部性指的是一个经济主体的行为对其他主体带来的影响作用。这种影响作用是非市场性的，市场机制难以对造成负外部性的经济主体进行惩罚，同时正外部性也不会获得相应的收益。农业绿色发展具有显著的外部性特征：①农业绿色发展的正外部性。农业部门的活动会给非农业部门带来额外收益，而非农业部门对于源于农业部门的收益却不需要做出对等的给付。农业除为公众提供农产品之外，还会为工业提供原料，无偿提供生态景观，同时对空气质量改善、保护植被、防止水土流失等均可起到积极作用。②农业生态环境改善的成本内部化。农业绿色发展的重要方面是减少农业面源污染，改善农业生态环境，为公众提供质量安全的农产品。为此需要在农业生产投入和技术选择方面做出相应改变，主要表现为减少甚至停止使用化学投入品，更多地使用与环境相容的有机肥料和生物农药，但是由此带来的成本增加甚至是产量损失在很多情况下难以获得应有的补偿。③农业被动地接受其他行业的成本外部化。随着工业化和城镇化的快速发展，农业日益成为成本外部化的受体。早期工业的粗放式增长带来的水污染、土壤污染、大气污染直接给农业农村带来了负面影响。农业发展的基本环境由于被动接受了工商业转嫁的污染而日趋恶化，如土壤重金属含量超标、农业灌溉水水质不达标等。为了生产质量安全的农产品，改变农业生态环境，农业生产经营者不得不付出更多的额外成本，而这些成本理应由来自其他行业的污染者来承担。

外部性内部化就是使生产者或消费者产生的外部费用，进入他们自身的生产和消费决策，由他们自己承担或进行内部消化，从而弥补外部成本与社会成本之间的差额，以解决外部性问题。外部性内部化的途径包括政府直接管制、基于市场的经济激励、基于产权思想的自愿协商（科斯定理）、社会准则或良心效应（赵晓兵，1999）。政府直接管制是指政府以非市场途径对外部性的直接干预，主要包括命令和控制。对于农业绿色发展来说，政府直接管制主要针对其他行业特别是工业污染对农业环境的影响进行直接干预；同时，加强对农药、兽药生产和使用的控制。基于市场的经济激励是指从影响主体的成本和收益入手，利用价格机制，通过采取激励性或限制性措施促使负外部性成本内部化。对于农业绿色发展来说，一方面，可以通过税收手段调整比价，改变市场信号以影响农业的生产方式和农产品消费方式，以降低生产过程中的绿色转型成本及消费中的绿色消费成本；另一方面，可以通过补贴直接补偿绿色农业生产经营者，对农业绿色转型所付出的额外成本进行补偿，或者是将农业视作其他部门污染的受损者而进行补偿。

3. 规模经济

一般来说，规模经济指在既定时期内，随着企业生产产品数量的增加，其生产的产品单位成本下降的情况，即通过扩大经营规模可实现平均成本降低及利润增加。马歇尔将规模经济分为内部规模经济和外部规模经济两类。其中，内部规模经济依赖于企业对资源的高效利用及经营管理效率的提高；外部规模经济依赖于多个企业间建立在合理分工、合理区域布局基础之上的联合。农业的经营规模可以从两个方面考虑：①技术视角下的农业经营规模，即通过调整经营规模实现最佳的技术效率；②经济视角下的农业经营规模，即通过规模调整实现最大的经济效益及最佳经济效率。农业绿色发展归根结底要靠农业经营主体来实践，而决定他们是否采用绿色技术，是否积极推进绿色转型的关键还是农业绿色发展能否达到甚至超过他们的预期收益，而经营规模是影响经营主体收入的主要因素。为此，发展适度规模经营、实现规模经济是农业绿色发展转型必须要解决的问题。

4. 克服风险

一般意义上的风险是指遭受损失或不利的可能性，是一种不确定性的表现。与其他经济社会部门一样，农业生产经营也要面对很多不确定性，即风险。Hardaker（1997）将农业风险分为以下 7 类：①生产风险，即来自自然环境或者作物及牲畜生长的不确定性，如天气、虫灾或疾病，或者来自其他不可预测的因素，如农业投入品的属性或机械使用效率；②市场风险，主要来自农产品的市场价格及农业投入品市场价格的不确定性；③货币风险，主要来自国际贸易中汇率浮动对农产品及农业投入品进出口价格的影响；④制度风险，主要源自政府政策对农业生产经营利润影响的不确定性，如食品安全政策；⑤融资风险，主要来自贷款渠道的可得性、融资成本的上升等；⑥法律风险，主要来自农业生产经营者对具有法律意义的承诺的履行情况，如环境安全责任、食品安全责任等；⑦源于农业生产经营者自身的不确定性风险。相比传统农业，绿色农业发展面临的风险更大：一方面，绿色农业的投入成本更高，自然灾害会给其造成更大的损失；另一方面，绿色农产品面临的市场风险更大，消费者对绿色农产品的认可信任程度、支付意愿，以及绿色农产品跟随一般商品的市场价格波动都会对绿色农业生产经营者的收益产生更大影响，进而影响生产经营者继续进行绿色发展转型的积极性。为此，通过制度创新降低农业绿色发展的风险水平，是推进传统农业向绿色农业转型的关键。

5. 改变制度的成本-收益结构

前四方面改进的目的在于促进新的潜在收益的产生，改变制度的成本-收益结构的目的在于降低制度变迁成本及优化现有利润分配。这里主要包括两方面。①完善法律法规。法律法规的重要作用在于从根本上影响利润的分配，如改变原有的农业投入分配结构，对农业绿色发展给予更大的资金支持。以法律法规的形式确定对农业绿色发展的投入、补偿及转移支付有利于增加绿色农业经营者的利润，进而激发农业绿色发展的动力。②技术。任何制度都离不开技术因素，技术的重要作用在于可以降低制度变迁的成本，提升制度创新的效率和效果。技术创新是推进人类社会进步的重要动力。很多技术直接改变了人类的生产和生活方式。新技术的产生、扩散和应用对于农业绿色发展来说至关重要。

（三）农业绿色发展的实践路径

农业绿色发展是一个系统工程，需要供给侧需求侧同步改进，农业生产经营主体、政府、公众共同努力。基于前文所分析的制度逻辑即降低交易费用、外部性内部化、规模经济、克服风险、改变制度的成本-收益结构，当前和今后我国的农业绿色发展应该着重解决好以下 5 方面问题。

1. 道德问题

对公众进行正确的社会准则教育可以解决外部性问题。所谓社会准则就是社会可以接受的方式，正确的社会准则可以产生外部经济性，减少外部不经济性。农业绿色发展需要绿色生产方式、绿色流通方式及绿色消费方式。当前，农业面源污染是发展绿色农业必须要解决的问题。以工业部门为主的其他部门的污染的负外部性给农业生态环境造成了巨大的压力；同时农业自身对石化产品的过量使用也破坏了农业生态环境。这里面有相关主体无意为之的因素，也有主观故意的情况，例如部分工业企业在耕地周边的恶意排放造成严重的污染隐患；部分农户主观违规使用国家明令禁止的高毒农药化肥，或者违规过量使用催熟剂、生长剂、保鲜剂等。由于农产品质量信息不对称，消费者无法识别农产品的农药化肥残留等质量安全因素，使得农产品市场逆向选择盛行，农户没有动机去减少农药化肥的使用，同时由于大量农户采用分散经营的生产方式，使得政府的农产品质量安全监管成本过高，进一步加剧了农户的机会主义行为动机。于是在我国出现了一种"一家两制"的特殊情况，即部分农户向市场出售的农产品大量使用化肥、农药、添加剂或激素，对自己食用的农产品则少用或者不用激素、化肥或农药。如此也给农产品质量安全和农业生态环境造成了很大的安全隐患。在市场失灵和政府监管资源约束的情况下，依赖于社会机制的道德教育是一种可以有效减少主观故意行为的方式，为此应在农民培训中加大有关社会公德的思想教育，同时加大对企业社会责任的宣传力度。

2. 技术问题

在收益递减规律的作用下，劳动、土地等生产要素的平均产出和边际产出均会下降。技术进步是支撑农业发展的关键要素，技术进步虽然不能消除收益递减规律，但却可以抵消收益递减规律对农业生产产生的负面影响。现代农业的一个重要特征就是科技支撑，技术水平直接影响农业绿色转型的成本，进而直接影响农业绿色发展水平。当前，相对于农业绿色发展的要求，农业技术供给是不足的。一方面，绿色导向的农业技术创新还有很大空间，能够支撑农业绿色发展的技术体系建设任重而道远。以农业投入品为例，相关报道显示，每年大量使用的农药仅有 0.1% 左右可以作用于目标病虫，99.9% 的农药则进入生态系统，高能耗生产的农药大多变成了环境和健康的危害之源，直接危害人类赖以生存的环境[①]。农业绿色发展中的生态环境保护及修复问题、农业绿色发展的成本问题、绿色农业的产量问题、生物有机投入品的使用效率及产出效率问题、无农药化肥残留的种植技术大众化利用等问题迫切需要解决。同时，农业技术的转化率不高，很多新技术长期停留在实验室或实验田中，真正大规模应用的效果还有待检验。另一方面，农业技术推广应用水平还有待进一步提高。在技术推广中应充分考虑农户的需求、认知水平、应用成本及产出收益，将合适的技术以合适的方式、合适的成本推广到农户手中，实现绿色技术的大众化利用。

3. 规制问题

农业绿色发展中的外部性问题、信息不对称问题，无法通过市场机制来解决，需要政府规制来破解。政府规制应主要包括以下几个方面：①将负外部性产生的社会成本转化为私人成本，主要方式为征税，如对农田周边的污染企业征收更多的税。②对农业正外部

---

① 搜狐，2018. 人民网评：让老百姓吃得放心、住得安心 [EB/OL]. [2018 - 05 - 24].

性所产生的社会收益转化为个人收益，主要方式是对农业绿色发展进行补偿。农业绿色发展的正外部性如生态环境的修复、景观的无偿提供等无法通过市场机制来补偿，应通过建立补偿机制来弥补农业绿色生产经营者因环境保护、生态修复、绿色农产品生产而额外付出的成本，激励更多的生产经营主体选择绿色发展行为。③通过直接的行政管制约束主体行为。加强对农业投入品行业的准入管理，设立绿色技术标准的负面清单；对农田周边区域划定工业发展的生态红线，设立行业准入的负面清单；加强对农户生产行为的指导和约束，设立绿色生产行为负面清单，特别是严惩部分农户违规滥用化肥农药的机会主义行为；加强生产经营者信用管理，降低市场交易成本，设立黑名单制度。

4. 生产问题

选择合适的生产规模是农业绿色发展中必须要解决的问题。为获得更多潜在利润，农业绿色发展要实现规模经济，避免规模不经济。与生产经营规模直接相关的是农业生产组织方式的选择。改革开放以后，农村改革确定了以家庭为基本生产单位的农业生产方式。但是在人多地少的现实情况下，家庭经营决定了农业生产经营规模不可能太大，特别是在农副产品市场化改革以后，小农户与大市场之间的矛盾愈发凸显。一家一户的小农生产方式难以应对市场需求的快速变化及自然风险的冲击，农产品滞销现象时常出现。小农户在农业生产中可获得的收入与城镇居民的收入差距越来越大。工业化和城镇化进程的加快对劳动力的需求以及城乡居民收入差距拉大的刺激使得大量农民离开土地进城务工，造成当前我国农村劳动力老龄化的现实。由此可见，当前我国农业绿色发展转型中的土地、劳动力、资本等生产要素制约依然严峻，合适的规模化是必然选择。当前我国的农业生产经营主体主要包括传统承包户、家庭农场、专业大户、农民合作社、龙头企业与社会化服务组织六种。根据职能和属性，可以将上述六种归纳为家庭经营、合作经营、企业经营三大类经营制度（周应恒，2016）。面对市场需求的变化、自然条件的差异、物流条件的差异、农产品品种的差异，农业绿色发展的适度规模不可能有统一的标准。从现实实践看，规范化养殖可能更适合企业经营，粮食种植更适合种植大户或家庭农场，果蔬种植更适合合作经营。为此，在农业绿色发展转型中应充分考虑农产品种类、农产品销售渠道、规模化成本、生产者能力及积极性、机械化作业效率、技术应用效率、自然条件等因素，最大限度激活要素、激活主体、激活市场，选择能够实现规模经济的绿色农业生产经营形式。

5. 市场问题

传统农业向绿色农业转型的关键在于潜在利润的产生，这就需要经营主体能够获取在传统农业的制度安排下无法获得的收益。为此，应建立具有溢价功能的绿色消费市场。当前，我国农产品市场主要存在两方面问题：①消费者对食品消费的认知。很多消费者在购买农产品时的消费理念是物美价廉。然而，高品质的农产品一般需要更高的生产成本，其价格必然要高于一般农产品。②农产品市场的逆向选择。农产品具有典型的信任品属性，消费者与生产者之间有关农产品质量的信息是不对称的。在农产品市场中存在"劣币驱逐良币"的逆向选择，高质量农产品无法售出应有的价格而被低质量的农产品挤出市场。以上两个问题是建立绿色消费市场必须要解决的问题。一方面，要支持消费者树立正确的消费价值观。随着消费者收入水平的不断提高，很多消费者已经具备了对高品质农产品的支付能力，同时很多高学历、高收入的年轻消费者群体也具有强烈的消费更高品质农产品的意愿。这里要说明的是培育正确的消费价值观并不是鼓励所有消费者均购买高品质高价格的农产品，而是应该建立一种农产品的分级消费市场。收入水平高的消费者可以购买高品质的农产品（营养成分更高）；收入水平一般的消费者可以购买质量安全的农产品（农产品质量安全是底线）。尽管这个价格可能高于传统的农产品，特别是高于部分农户因过量使用化肥、农药降低单位成本而生产出的劣质价低的农产品，但这个价格应该是既要满足消费者的支付能力，又能满足农产品生产者对成本和利润的要求。为此，应培养消费者树立正确的消费习惯，树立质优价优的消费认知。另一方面，要解决逆向选择问题。信号传递可以解决逆向选择问题，即高品质产品的生产者向市场传递一种代表其质量水平的信号，这个信号形式可以是价格、广告、品牌、信誉、质量保证金等。但是由于农产品的信任品属性，其质量信息应由政府向公众提供，为此应进一步完善农产品认证制度、农产品分级制度、农产品生产者信用管理制度等，通过这些具有政府背书性质的质量信号解决农产品市场的逆向选择问题。

二、农产品电子商务绿色物流

绿色物流是绿色发展的重要组成部分。当前，汽车运输在我国整体运输结构中仍占据重要地位。2017 年，全社会货运周转量中，公路运输占比达到 48.6%[①]。尽管近年来我国新能源汽车发展迅速，但大部分运输工具仍需要消耗汽油等燃料，一方面，汽油属于不可再生物质，不利于资源节约；另一方面，汽车尾气对环境污染较大，汽车运输仍是碳排放大户。从长远看，绿色物流必将是农产品电子商务物流的发展方向。

（一）推进电子商务物流的流程优化

流程优化对于提高农产品物流效率具有重要作用。通过删除不必要的活动、去掉不增值的环节、合并相关活动、集成相关过程优化农产品电子商务物流的流程。①要整合物流运力资源、合理设置物流设施、发挥整体合力，避免存量资源闲置、增量资源浪费。②推行共同配送，共同配送是指通过一个配送企业对多家用户进行配送，或者多个物流企业共同使用某一物流设施或设备，其实质是物流资源的共享。共同配送是解决我国物流配送设施利用率低、布局不合理、重复建设等问题的较好方案，实现共同配送，可以有效

---

① 中国新闻网，2019. 运输结构调整势在必行"公转铁"把握好节奏和力度 [EB/OL]. [2019 - 07 - 03].

提高车辆的装载率，减少社会车流总量，改善交通运输状况，进而推动农产品电子商务绿色物流的发展。

（二）推动电子商务物流信息化

信息化是现代物流的基础，也是提高物流效率的前提。国际气候组织认为通过信息化发展智能物流是低碳经济的重要支柱。现代物流的核心理念是用信息技术整合对顾客、经销商、运输商、生产商、物流公司和供应商的管理，让物的流动具有最佳目的性和经济性，从而提高整个社会资源的利用水平，使每个物流节点都相互联系，从而结成一个物流网，每个节点上的物资都按照区域、属性和服务对象在不同方向得到集成，按照顾客要求，准时运送到相应的物流节点，在集成和配送过程中实现最大的经济性。推进物流信息化建设，应进一步摸清物流业信息化的现状与问题，大力推进拥有自主知识产权的物流信息技术的开发和应用，搭建跨地区、跨行业的信息平台，实现供应链物流信息共享。以菜鸟乡村项目为例，依托大数据、云计算、物联网等先进信息技术升级乡镇末端配送网络，并应用自动化分拣、人脸 AI 识别、智能路由调度等技术提高农产品配送效率，达到绿色物流发展目标[①]。

（三）推进绿色物流技术创新

当前，交通运输业已经成为耗用能源的大户，世界主要发达国家交通运输业的能耗占国家总能耗的 30% 左右。而石油又是交通运输耗用的主要能源，其比重高达 90% 以上。高消耗必然带来高排放和高污染。推进绿色物流技术创新主要是鼓励节能减排的技术创新和推广应用。例如提高海陆空交通运输工具的能源效率和控制排放技术。技术层面是最具有国际可比性的，据专家分析，我国的交通运输工具的综合能源利用水平比国际先进水平低 20%。这方

---

① 搜狐，2019. 菜鸟共享、共配数字供应链引领农村物流新格局［EB/OL］.［2019-12-31］.

面国家正在出台有关政策鼓励创新、鼓励推广，同时也在投入资金进行关键技术的研发。物流是应用节能减排新技术的主要领域，应给予积极的关注和支持。当前，很多为电子商务提供服务的物流企业进行了有益的尝试，并取得了较好的效果。如顺丰持续推动纯电动物流车替换传统燃油车，同时通过运输路线的科学设计，缩短运输线路，提高运输车辆的装载率，以达到节能减排的目的①。

（四）推动"高铁＋电商"发展

近年来，我国高速铁路快速发展。"十三五"末期，我国高铁运营里程已经达到 3.8 万千米，稳居世界第一位，覆盖 95％的人口在 100 万以上的城市②。高铁具有载重量大、速度快、环境友好、资源节约的特点，发展"高铁＋电商"对于电商物流的绿色发展具有重要意义。"八纵八横"的高铁网络对接物流公司分发网点，极大地提高了电商物流效率。相比传统的汽车运输，依托高铁的电子商务物流在为消费者提供"朝发夕至"的快速物流服务的同时，更具环境和资源友好性。当前，"高铁＋电商"已经进入快速发展阶段，在京广、京沪、沪深、浙广线间加开了特快货物班列；2020年推出的铁路冷链快运箱服务实现了"冷鲜达""定温达""定时达"，成为农产品电子商务物流的一大亮点③。

三、农产品电子商务绿色包装

包装是电子商务中必不可少且十分重要的环节。由于农产品的易腐性特点及保鲜性要求，包装在农产品电子商务中的作用更为突

---

① 物联云仓，2018. 如何实现绿色物流？国内物流电商巨头绿色物流战略盘点 [EB/OL]．[2018 - 12 - 27]．

② 观察者，2020. 交通部：我国高铁运营里程、高速公路通车里程均居世界第一 [EB/OL]．[2020 - 10 - 22]．

③ 高铁网，2020. "高铁＋电商"，迸发数字经济新活力 [EB/OL]．[2020 - 11 - 13]．

出，在农产品的生产、电商物流、回收等环节都离不开包装。2017年，我国快递行业包装使用量达 400 亿件，塑料快递袋使用量达 80 亿个，快递包装箱有 40 亿个，一年的纸箱包裹换算成造纸用的树木约等于 7 200 万棵树，同时，快速包装所产生的废弃物的回收率不足 10％[①]。大量包装废弃物没有得到有效处置造成了环境的大量污染和资源浪费。为此，在农产品电子商务中推行绿色包装不仅符合可持续发展的要求，同时也必将成为电商企业获取未来竞争优势的重要战略。

（一）当前电子商务包装中存在的问题

包装的绿色化是农产品电子商务绿色发展的重要内容，当前电子商务包装中存在以下问题。

1. 外包装材料过度使用

当前，农产品电子商务中产品的包装材料多为防水塑料袋、编织袋、木盒、瓦楞纸盒等，再在内部用纸屑、废弃纸团、空气囊和气泡袋等材料进行填充，以防止农产品破损。为了减少农产品的损耗，商家甚至用胶带纸来回缠绕将整个包装完成。这种包装的方式不仅不方便消费者拆解，同时也因过度包装浪费了资源和造成环境污染，这些包装在很多情况下都不能进行二次利用。电商企业或电商平台中的经营者采用多层简单包装的初衷在于减少农产品的破损，但由于农产品在运输和存储中受温度、湿度等因素的影响较大，这种简单的多层包装对农产品的保鲜作用比较有限。

2. 电商快递包装中缺乏绿色材料

当前，在电商快递过程中绿色包装材料的使用比率相对较低。在包装材料减量化、可重复利用、易于回收再生、废弃物降解、无毒无害等方面还有较大提升空间。在电商快递包装中，塑料袋包装约占快递总业务量的 40％。塑料包装虽然成本较低，但塑料材质

---

① 搜狐，2018. 触目惊心！中国快递行业一年产生 80 亿个塑料袋！［EB/OL］. ［2018－06－24］.

包装在回收利用时会变成固体废弃物，回收成本高，不能自然降解，会造成严重的环境污染及资源浪费。

3. 电商快递包装缺乏统一的标准

农产品的类型多种多样，不同种类农产品具有不同的生物属性，在包装过程中对材料、重量、体积、包装空间、包装层次等方面的要求不同。当前，农产品电子商务中的包装基本上是由电商企业或电商平台中的经营者根据消费需求及成本-收益考虑自行设计，在包装标志、技术规范、包装检验等方面缺少统一的标准。包装标准化程度低会导致物流成本增加、无效作业增多、资源浪费等问题。

4. 回收意识低，回收体系不健全

当前，无论是消费者还是商家对快速包装的回收意识均较低，很多消费者在收到快递后会将包装材料当作废弃物丢弃。很少有消费者会将包装材料留作他用或送到回收处理站。同时，与部分发达国家相比，我国的包装废弃物回收体系还不健全，对于快递包装废弃物的回收还没有较完善的法律法规或政策指引。

（二）农产品电子商务绿色包装策略

1. 优化包装程序

在农产品电子商务包装中，应秉承简约化、绿色生态、可持续性的理念进行包装设计，在实用性、功能性和生态环境友好之间求得平衡。一方面，根据不同农产品的特点对包装结构进行重新设计，采用一体化的设计方式，减少二次包装，最大限度地完成包装与产品结构功能的整合；另一方面，在包装材料选择中，可选择木、藤、叶、草等一些资源丰富的天然材料，通过现代技术加工转换成环保耐用的新型包装材料。

2. 加强对电商物流包装的政策引导

由于环境保护具有公共产品属性，所以政府的规范和引导对于促进电子商务包装的绿色化十分重要。日本明确了企业对生产过程中产生的废弃物具有回收义务，而且在法律中规定了废弃物在处理时应遵循的顺序。美国在相关政策中清晰界定了生产者及消费者在

包装循环使用中所承担的责任。德国通过技术创新促进包装绿色化，其设计了高标准的垃圾处理系统，极大地提高了包装回收率。为此，我国政府部门应针对电子商务包装制定可实施的行业标准，对快递包装的材料、重量、体积、包装空间、包装层次等参数进行规范；在产业发展和技术创新方面对电子商务包装绿色化给予引导和支持；对包装废弃物的回收进行严格监管。

3. 加快绿色包装材料的科技创新

绿色包装应具有对人类健康和生态环境无害、能够重复使用和再生的特点。为达到这个目的，包装材料的选择至关重要。在综合考虑成本-收益的基础上，包装材料应该尽可能减少塑料制品的使用，使用更加环保绿色的包装材料、可食性包装材料和生态包装材料。政府应加大对研发绿色包装材料的支持力度，鼓励科研单位、企业等机构开发新型包装材料，并支持环保、可循环、耐用的新型包装材料在农产品电子商务包装中的推广。

案例分析

国内部分物流企业在绿色包装领域进行了有益的探索，顺丰在 2013 年就建立了自有包装研发团队，并于 2016 年升级为"顺丰科技包装实验室"。通过包装物料的标准化和业务流程优化，2016 年顺丰的 PE 类包装原料使用量减少 2 793 吨，PP 类包装原料使用量减少 843 吨，原纸材料使用量减少 2 539 吨。2016 年，京东开始实施"清流计划"，在包装减量和绿色物流技术方面进行探索。京东物流包装科研检测中心研发了生物降解快递袋、新型两层物流标签等新型包装材料，其中大规模生物降解快递袋的使用每年可以淘汰近百亿个传统塑料袋，新型两层物流标签的使用每年可以节约 700 吨纸[①]。

---

① 物联云仓，2018. 如何实现绿色物流？国内物流电商巨头绿色物流战略盘点 [EB/OL]. [2018-12-27].

4. 建立包装废弃物循环利用系统

电子商务中大量使用的快速包装的废弃物已经成为环境污染的重要来源。当前，我国的包装全面回收系统还不健全，快递包装的循环使用率很低，包装垃圾造成严重的废弃物污染。为促进包装的循环使用，应建立包括包装生产者、使用者和消费者在内的包装废弃物回收体系。对包装废弃物进行分类处理，建立健全包装废弃物回收网络，确定在环保性、安全性、可靠性、可追溯性等方面的要求及技术标准，建立非环保包装的退出机制，提高电商企业与包装企业对包装废弃物资源化综合利用的意识和协同合作程度。

第十一章

促进我国农产品电子商务发展的对策

电子商务正在迅速重塑生产和消费模式，对创造就业机会、促进经济增长、改善家庭福利水平越来越重要。发展农产品电子商务对于促进农业农村发展、增加农民收入、提升消费者的福利水平、创新农产品流通体系均具有重要意义。近年来，我国农产品电子商务快速发展，但也存在一定不足，应不断优化农产品电子商务发展的环境，促进农产品电子商务的长期健康发展。为此，本章将从不同方面探讨促进我国农产品电子商务发展的对策。

一、完善农产品电子商务发展的基础设施

基础设施是电子商务发展的基础条件。经济合作与发展组织（2017）提出信息和通信服务、物流基础设施、电子支付系统的可获性及可负担性直接影响电子商务的发展。对于农产品电子商务来说，基础设施水平将直接影响农产品电子商务的发展。

（一）继续加强电信及数字基础设施建设

电子商务是基于信息技术手段的商品交易活动，电信、互联网、数字技术等基础设施是必不可少的。应不断完善大型电信传输能力（宽带）、网络安全、在线支付渠道等互联网和数字基础设施，保障农产品电子商务发展。近年来，我国农村互联网覆盖程度快速

发展，城乡网络差异显著缩小。截至 2015 年 12 月，我国农村网民数量为 1.95 亿人，农村互联网普及率为 31.6%，其中手机网民规模达 1.7 亿人①。截至 2020 年 6 月 30 日，我国农村互联网普及率为 52.3%，农村网民规模达到 2.85 亿人，占网民总数的 30.4%，全国贫困村通光纤的比率达到了 98%②。由此可见，我国农村互联网建设已经取得了巨大成就，农村宽带网络基本覆盖。尽管农村网络硬件基础设施基本完备，但农民的信息科学普及程度还有待提高，农民的信息化软件应用水平依然不高，农村互联网普及率仍有较大的提升空间。为此，应进一步推进宽带网、移动互联网和新兴互联网技术在农村的发展，持续实施农村电信普遍服务补偿。同时，鼓励企业开发适应"三农"特点的信息终端、技术产品、移动互联网应用软件（App），支持农民采纳农产品电子商务，降低农民从事农产品电子商务的运营成本和交易成本。

（二）不断完善物流基础设施

物流是电子商务发展的核心，相比于其他线上商品，农产品具有生化性和易腐性，因此物流对农产品电子商务发展的影响更大。当前，我国很多农村地区的物流基础设施短板已经成为制约农产品电子商务发展的主要因素。

1. 加强交通基础设施建设

当前，一些农村地区特别是偏远山区的交通基础设施短板仍然是农产品电子商务发展的重要瓶颈。打通农产品进城的"最先一公里"，是发展农产品电子商务的基础，而打通"最先一公里"的基础又在于完善的交通基础设施。为此，应进一步加强农村交通基础设施建设，加大农村公路建设的财政投入力度，完善公路网络，提

---

① 中国互联网信息中心，2016. 2015 年农村互联网发展状况研究报告［EB/OL］.［2016 - 08 - 29］.

② 中国互联网信息中心，2020. 第 46 次《中国互联网络发展状况统计报告》［EB/OL］.［2020 - 09 - 29］.

升农村公路等级和通行能力，建立健全镇（乡）村公路的管养机制，并以此为基础完善农村物流网络。

2. 加强冷链基础设施建设

加强农产品电子商务供应链重要节点的冷链设施建设，在农产品电子商务园区、农产品批发市场、大中城市周边加快建设冷藏设施、农产品低温配送及冷链物流集散中心。推动冷链物流信息化发展，在农产品电子商务的集中生产区、集中消费区建立冷链物流公共信息平台，优化冷链物流资源配置；提升农产品产地的预冷、低温处理和冷链配送能力。加快冷链物流设施设备的升级，加强温控设备、预冷设备、移动冷却装置、冷链运输工具的研发与技术升级，为提升农产品电子商务冷链物流服务效率提供技术基础。

二、加强农产品电子商务发展的社会服务体系建设

农产品电子商务社会服务体系建设是农产品电子商务长期规范发展的重要保障和推动力。建设农产品电子商务社会服务体系的目的在于激活生产要素、促进资源整合、推进协同合作，良好的外部服务体系是构建农产品电子商务产业链、形成产业生态的必要条件。

（一）加快建设农产品电子商务发展的公共服务平台

依托互联网和新一代数字技术，构建集农产品生产、交易、流通、溯源为一体的农产品电子商务公共服务平台，支持新型农业经营主体及小农户参与农产品电子商务。

1. 打通农村物流"最后一公里"和"最先一公里"

持续增加农村投递线路，在县、乡镇和村分别建立电商物流中心、电商运营中心和电商服务站，建立健全县、乡镇、村三级物流配送网络和运行机制。除物流功能外，还应充分发挥电商服务站的扶智作用，通过提供专业的农产品电子商务培训和信息咨询，指导农户和企业开展农产品电子商务活动。

2. 构建专业化的社会服务体系

鼓励并支持不同类型的企业为农产品电子商务发展提供专业化服务，包括电商网站运营、市场营销、物流配送服务、信息服务等。充分应用新一代数字技术，为农产品电子商务运营提供市场需求预测、品类行情、区域行情、运力分析等信息，降低农产品电子商务经营者的市场风险，更好地实现服务的精准化和差异化。

3. 搭建农产品推广和销售平台

建立具有公益性的区域性农产品电子商务推广平台，该平台应具有产品营销功能、在线培训功能、线上交易功能、产品溯源功能、信息发布功能、直播互动功能，为农户提供全方位的数字化服务，降低农户参与农产品电子商务的交易成本。

4. 打造对外合作平台

对于一些经济基础相对较弱及基础设施还有待完善的地区，单纯依靠农民自身的力量难以实现电子商务产业发展，多种类型的合作与联合是促进农产品电子商务发展的重要手段。为此，一方面，应打造对外合作平台积极引导成熟的电商企业参与区域农产品电子商务发展，构建"电商企业＋农户"或"电商企业＋合作社＋农户"的利益联结机制，拓宽农产品电子商务发展模式；另一方面，拓展对内合作，鼓励和引导具有产业或产品同质性的村成立农产品电子商务发展联合体，按照市场规则共同打造品牌、共同经营、共享收益，形成合力闯市场，或者鼓励电子商务发达村异地发展，通过股权合作、异地联建的方式实现"以强带弱"，带动周边区域发展农产品电子商务，最终实现共同发展。

（二）加强对农民进行农产品电子商务经营的培训

农产品电子商务的运行需要不同类型的专业人才，如产品的营销推广、网店的美工设计等，而很多农村缺少这样的人才。很多农民虽然有从事农产品电子商务的意愿，但受制于经验、知识、能力等方面的欠缺而无法真正进行经营。只有让广大农民了解农产品电子商务的好处以及掌握如何经营农产品电子商务，才能使农产品电子商务实现长期可持续发展，让更多的优质特色农产品通过电子商务渠道进入消费者手中。为此，应加强对农民进行农产品电子商务运营相关的培训。全面转变理念、改进内容、创新方式、强化服务，提升教育培训的精准性、师资教学的开放性、跟踪服务的持续性以及线上培育的普及性，开展分类分层分模块培训，打造农民教育培训精品工程。培育更多懂技术、会经营、善管理的新型职业农民。鼓励高校根据教学研究特色开设农产品电子商务发展专题培训班。对国家支持政策、农村集体产权改革、农业新业态发展、品牌建设及电子商务等方面进行综合培训和专项培训，提升农民对农产品电子商务的理解力和领悟力，增强其参与农产品电子商务的素质和技能。探索以政府购买服务方式，整合利用社会培训资源，培育具有市场意识的农业职业经理人，培养适应现代农业发展需要的新型职业农民，使他们成为农产品电子商务发展的带头人。

（三）加强对农产品电子商务发展的金融服务

1. 加强对农村基础设施建设的金融支持

农村基础设施是否完善将直接决定能否发展农产品电子商务及农产品电子商务发展水平，加强对农村基础设施建设的金融支持对于农产品电子商务的发展具有基础性作用。为此，一方面，应发挥政策性金融和商业金融对农村基础设施建设的协同支持作用。政策性金融可设立中长期低息信贷产品，满足农村基础设施建设的大额、长期的资金需求，加强对农村道路、供电、供水、电信等基础设施建设的金融支持力度；同时，鼓励商业银行继续加大对农村基础设施建设的信贷投放力度，支持收益好、比较适合市场化运作的农村基础设施建设项目进行股权或债券融资。另一方面，应创新对基础设施建设的金融服务模式。在涉及农产品电子商务物流园区、农产品冷链仓库等基础设施建设，货车、搬运装备等大型物流设施设备采购时，建设方或出租方在初期往往需要投入大量资金，可采用融资租赁保理的金融服务模式。

2. 加强对农产品电子商务经营主体的支持

农产品电子商务发展涉及不同的主体，包括电商平台、农产品生产经营主体、第三方服务企业等。一方面，应加强对农产品电子商务创新创业的支持，支持金融机构针对农村特点开发网上支付、供应链贷款等金融产品；支持大学生、返乡农民工、退役士兵、技术能手等进行农产品电子商务创业，对符合信用贷款条件的主体，可采用信用贷款方式，简化小额短期贷款的手续。同时，应合理扩大抵押物范围，积极探索生产设施用地、附属设施用地和配套设施等使用权抵押融资模式。另一方面，支持农民合作社等新型农业经营主体创新农产品电子商务经营模式、发展农产品贮藏及包装等产业链延伸业务。继续加大金融服务的创新力度，推动信贷、保险、基金、数字金融等多种金融工具的融合使用，在信用评价体系、抵质押手段、业务流程、还款期限、还款方式等方面加大创新力度。通过农业担保贷款和贴息、合作社互助融资担保、农业资产抵押融资等金融政策支持农民合作社、家庭农场等新型农业经营主体创新发展农产品电子商务。

三、促进农民合作社的发展

家庭承包经营奠定了我国以家庭为单位的农业生产经营方式。由于单个农户经营规模小、产品标准化程度不高、自身知识和能力水平有限、市场竞争意识不足等方面的原因，农户对农产品电子商务的参与程度不高。一方面，由于经营规模小，农户在农产品供给数量和农产品标准化等方面无法满足电商平台的要求。另一方面，同样由于经营规模小，很多农户在与大型电商平台的利益博弈中往往处于弱势地位，平台与农户争利现象时有出现，农户也缺少资金和能力去进行产品推广或网店的日常维护，由此降低了农户参与农产品电子商务的积极性。建立农民合作社，将分散的农户组织起来，抱团参与农产品电子商务是解决这一问题的有效方式。在农业供给侧结构性改革的大背景下，农民合作社可以在提高农业生产效率、克服农产品市场的结构性矛盾、增加优质农产品供给等方面发挥引领作用。为此，应进一步规范农民合作社发展，提升合作社发展质量，使其在带动农产品电子商务发展方面发挥更重要作用。

（一）引导农民合作社树立市场导向

农民合作社同时具有经济属性和互助属性，农民加入合作社主要源于对潜在利润的追求。在农产品结构性过剩、市场竞争激烈的情况下，农民已经难以通过简单联合就获取利润。为了更好地发挥合作社的规模经济效益，合作社应从生产导向向市场导向转变。在市场导向下合作社发展的焦点不应仅是服务功能和社员收益，而应更关注市场需求和合作社自身的发展，更加积极融入现代农业产业链。在激烈的市场竞争中，农民合作社既要实现其服务功能，更要立足市场导向，且以市场导向驱动社员服务。引导农民合作社紧密对接市场需求的变化，树立市场导向意识，积极参与现代农业产业链，加强品牌建设和市场营销，不断探索新业态新模式。

（二）完善合作社内部治理的组织结构

对于规模较大的合作社，应设立完备的权力机构、执行机构、监督机构，并保证机构的有效运行和职能发挥，实现分权制衡，兼顾效率与公平。社员大会应充分保证成员的参与性，合理界定成员权力并保证权力的有效行使，设计基于"效率-公平"的社员代表制度及附加表决权制度；对于理事会来说，应合理界定合作社理事长及理事的任职资格，明确理事会对理事长的监督权，引入外部专家进入理事会参与经营决策及监督；对于监事会，应明确监事会成员的权利和义务，并设计对监事的激励和约束制度，从而真正发挥其对合作社经营和管理的监督职能。

（三）设计基于市场导向的内部管理机制

合作社的高质量发展需要相应的管理机制的支持，以协调不同成员的行为，促进不同类型生产要素有效发挥作用，提升合作社的经济实力和带动能力。

1. 加强合作社的准入和退出管理

"入社自愿、退出自由"是合作社的基本原则。农民加入合作社后可以实现规模经营、更好地对接市场需求，进而降低成本和增加收益；但部分农户入社的初衷仅仅是为了获取合作社的资源和服务，成员的入社意图和能力的差异会增加合作社的经营管理困难。通过对农户的准入和退出进行适当限制，可以保证入社农户具有较高的信誉水平和生产能力，从而降低日后的管理和监督成本。加强合作社的准入和退出管理可以在一定程度上避免"搭便车"问题的发生，降低合作社的监督成本，保证大部分社员对合作社具有较高的承诺水平和良好的合作行为，从而更有利于合作社作为一个整体参与市场竞争。

2. 建立公平与效率兼顾的收益分配方式

一方面，既要增强对社员惠顾的激励，又应有利于吸引外部资本的进入。随着合作社规模的扩大及成员异质性的增强，可采取"按惠顾额返利"和"按股分红"相结合的收益分配方式。另一方面，设计合理的社员参与激励机制，提高社员对合作社运营的参与程度。"所有者"与"惠顾者"统一是合作社最重要的特征。由此，合作社中的社员参与可以分为业务参与、资本参与、管理参与三方面。当前，我国很多合作社内部的社员参与行为以业务参与为主，资本参与和管理参与相对薄弱。应鼓励合作社向中小社员开放认购股金，并通过完善社员代表大会制度增强中小社员对合作社事务管理的参与程度。

四、完善对农产品电子商务的质量监管

相对传统线下渠道，农产品电子商务中的质量安全监管问题更为关键。在传统渠道中，农产品零售端主要为农贸市场和连锁超市，农产品在进入连锁超市或农贸市场之前一般都会进行质量检测。对于农产品电子商务来说，由于其准入门槛相对较低，且相关法律法规和监管手段还有待进一步完善，因此通过电商渠道销售的农产品存在更大的质量安全隐患。为此，应加强对农产品电子商务发展的监管。

（一）继续完善法律法规体系

随着我国电子商务的快速发展，相应的法律法规体系也不断健全。2019年1月，《中华人民共和国电子商务法》开始实施，规定电子商务经营者承担产品和服务质量责任；电子商务平台经营者应当遵循公开、公平、公正的原则，制定平台服务协议和交易规则，明确进入和退出平台、商品和服务质量保障的权利和义务；国家鼓励电子商务平台经营者建立有利于电子商务发展和消费者权益保护的商品、服务质量担保机制。2018年12月修正的《中华人民共和国食品安全法》规定"网络食品交易第三方平台提供者应当对入网食品经营者进行实名登记，明确其食品安全管理责任。"两部法律对农产品电子商务的长期健康发展具有重要意义。但由于农产品电子商务交易的复杂性，尤其是农产品质量信息的高度不对称性及不易保存性，难免出现一些落实难点。为此，应进一步健全法律体系、明确法律执行的具体细则、制定相关的配套执行措施、加强法律之间及法律与标准之间的衔接。对监管主体和经营主体的权责、激励和惩罚手段等做出更为细致明确的规定，提升行业的自律性和监管效率。

（二）构建农产品电子商务的质量可追溯体系

农产品电子商务中可能存在的质量风险包括：农产品生产区的环境对农产品质量的影响；农户行为对农产品质量的影响，如是否合规使用化肥农药、是否合规使用防腐剂、是否将已经变质的农产品进行线上销售等；农产品物流过程对农产品质量的影响，如运输过程中的温度变化、仓储过程中的生物或化学污染等。尤其是物流过程，对农产品电子商务中产品质量的影响最大。面对农产品电子商务中质量控制的复杂性，可追溯是一种有效的质量监控解决方案。国际标准化组织（1995）将食品可追溯定义为"可以通过记录的信息来对食品的生产、加工进行质量追踪的工具"。农产品电子商务中的质量追溯可以分为两类，即从前向后追踪和从后向前追踪。对于农产品电子商务企业来说，应从管理和技术两个方面构建其可追溯体系。一方面，可以应用危害分析关键控制点（HACCP）方法构建农产品电子商务质量追溯的管理体系，包括危害分析、明确关键质量控制点、确定关键控制点的临界值、对关键控制点的监控、建立文档系统、管理权力和责任设定、绩效评估等；另一方面，综合应用物联网、QR码、管理信息系统等技术构建质量可追溯的技术支持系统。

（三）创新农产品电子商务的质量监管机制

一方面，应用新一代数字技术提升农产品电子商务的质量监管效率。发挥大数据技术在互联网农产品质量安全风险溯源和预警中的作用；应用智能网络搜索分析平台开展网上巡查和违规行为搜索，积极主动发现违规线索，精准及时打击网络违规销售劣质农产品的行为。可以通过政府购买数据服务的方式购买大数据分析、智能搜索等数据服务，充分利用专业机构资源推动网购农产品质量安全协同治理。另一方面，明确市场管理委员会对农产品电子商务质量监管机构的主体责任，确定农业、经信、电信等部门的协同监管责任，建立协查机制，提高对农产品电子商务中产品质量的监管效率和水平。

五、创新农产品电子商务发展的政策供给

政策对于农产品电子商务发展具有重要的引导和支持作用，对于发展基础较为薄弱的地区更是如此。为此，应在现有支持政策的基础上，进一步创新农产品电子商务发展的政策供给，降低制度性交易成本，打造有利于农产品电子商务发展的良好的政策和制度环境。

（一）加强政策扶持的协同性

1. 统筹政策的实施

在继续加大对农产品电子商务发展政策支持力度的基础上，构建多元政策资源的有效整合机制和系统性的政策支持体系。依托乡村振兴和数字乡村建设，统筹各类项目、专项工程及发展战略，组织协调促进农产品电子商务发展，实行统一指导、统一规划、统一建设、统一管理、统一标准，避免重复投入和资源分散浪费。

2. 加强规划引领

规划具有长期性、系统性、全局性的特点，制定科学的农产品电子商务发展规划可以更好地明确发展目标、合理配置资源、协调各方行动、确定实施路径，从而有利于促进农产品电子商务的长期健康发展。一方面，应制定农产品电子商务发展的专项规划，有序推进农产品电子商务发展，做到产业协同发展、要素合理流动、资源配置高效、空间布局合理，形成良性发展的农产品电子商务产业生态系统；另一方面，推动国家级规划与地方级规划、不同部门规划、整体规划与专项规划之间的有效衔接，真正形成促进农产品电子商务发展的政策合力。

（二）支持龙头企业拓展农产品电子商务

1. 支持龙头企业开展农产品电子商务

鼓励和支持大型龙头企业或农产品批发市场开展电子商务，充分发挥其在渠道、基础设施、销售等方面的优势，带动区域农产品电子商务发展和商业模式创新；支持其建设农产品电子商务产业园区，促进区域农产品电子商务产业集群的形成。

2. 结合"一镇一业""一村一品"发展特色优势产业和产品

产业基础条件是农产品电子商务发展的重要基础，应结合区域特色培育适合电商销售渠道的主导农产品，聚焦优势产业和特色农产品，实施标准化生产和差异化战略，提升品质打造品牌，避免陷入当前农产品电子商务中的"同质化"竞争。整合政府、行业协会、企业等不同方面的力量做出有市场辨识度、平台知名度的农产品品牌；根据不同电子商务销售模式的特点进行农产品营销，实现本地农产品资源与线上交易模式高度匹配。

3. 支持区域性农产品电子商务企业发展

鼓励更多的地方企业依托区域特色农业开展农产品电子商务，支持其建设特色农产品网络直销基地。

（三）优化农产品电子商务发展的要素保障

1. 继续加强土地政策创新

在城乡规划和土地利用规划确定的建设用地范围内，按照一定比例安排产业融合发展用地，专项支持农产品贮藏、预冷、包装等业态的发展。允许将实施集中居住、土地整理、村庄整治节余的建设用地指标，优先给予发展农产品电子商务使用。

2. 创新财政支持政策

充分利用好财政、金融、社会资本"三种钱"，以政府资金撬动金融资源，以金融资源撬动社会资金，吸引社会资本投入农业产业链和农村新业态发展，探索在县一级设立支持农产品电子商务发展的专项基金。

3. 创新人才政策

以优惠政策吸引新乡贤、农民工、大学生、退伍军人等各类乡村精英回归家乡，进行农产品电子商务创新创业活动。对于回乡创业的新乡贤，在符合相关政策的条件下允许其申请宅基地，或和当地农民合作改建自住房，构建乡村精英与农村经济组织的合作机制。

4. 加大减税降费力度

加大对农产品电子商务经营的税费减免力度，进一步激活农村市场主体活力和参与农产品电子商务的积极性。

POSTSCRIPT 后 记

电子商务已经成为经济发展的新引擎，网购已经成为拉动消费增长的新力量。在这样的背景下，我国农产品电子商务也进入了发展的快车道，农产品线上交易额不断增加，农产品电子商务已经成为农产品流通的重要渠道。近年来，农产品电子商务在推动农产品产销衔接、促进农业产业转型升级、助力农民增收和精准扶贫等方面发挥了重要作用。当前我国农产品电子商务的发展还有很大空间。在需求侧，农产品电子商务的市场渗透率依然不高；在供给侧，农产品电子商务在助力小农户参与现代农产品供应链方面发挥的作用还有待提升；在基础设施方面，部分地区的基础设施不完善仍然是农产品电子商务发展的瓶颈。尽管仍存在不足，但未来十分可期。在乡村振兴、"互联网＋"等的推动下，农产品电子商务仍将具有巨大的发展空间，在促进农业农村发展发展方面必将发挥更重要的作用。对农产品电子商务的系统性研究具有较强的理论意义和现实意义。

本书的成果是对作者近年来相关研究积累的总结和提升，期望能够为农产品电子商务的理论研究和经营实践提供一定的借鉴。在此要感谢天津农学院经济管理学院的领导和同事们的关心和支持；感谢我的家人给予的理解和支持。

本书的顺利出版得益于天津市人文社科重点研究基地——农村现代化研究中心开放基金项目的支持。由于作者水平有限，难免有疏漏不当之处，敬请读者批评指正。

刘　刚

2021 年 12 月